2021 中国自然教育发展报告

中国林学会 编著

中国林業出版社
China Forestry Publishing House

图书在版编目（CIP）数据

2021中国自然教育发展报告 / 中国林学会编著. --北京：中国林业出版社，2024.5

ISBN 978-7-5219-2710-8

Ⅰ. ①2… Ⅱ. ①中… Ⅲ. ①自然教育－研究报告－中国－2019 Ⅳ. ①G40-02

中国国家版本馆CIP数据核字（2024）第095390号

策划编辑：肖 静

责任编辑：甄美子 肖 静

出版发行：中国林业出版社

（100009，北京市西城区刘海胡同7号，电话83143616，83143577）

电子邮箱：cfphzbs@163.com

网 址：https://www.cfph.cn

印 刷：河北鑫汇壹印刷有限公司

版 次：2024年5月第1版

印 次：2024年5月第1次

开 本：787mm×1092mm 1/16

印 张：10

字 数：190千字

定 价：50.00元

编辑委员会

中国林学会

中国林学会是中国科学技术协会的组成部分，是我国历史最悠久、学科最齐全、专家最广泛、组织体系最完备、在国内外具有重要影响力的林业科技社团。近年来，中国林学会坚持以习近平新时代中国特色社会主义思想为指引，坚持“四个服务”的职责定位，努力建设林草科技工作者之家，入选中国科协世界一流学会建设行列，先后被授予“全国科普工作先进集体”“全国生态建设先进集体”等称号，连续多年被中国科学技术协会评为“科普工作先进单位”，荣获“全国优秀扶贫学会”等称号。在第二十四届中国科协年会发布的《2022 年全球科技社团发展指数报告》中，中国林学会名列全球农业科学学会 top30 名单，排名第 10。

中国林学会自 2018 年开始统筹推进自然教育工作，2019 年 4 月召开自然教育工作会议，应 305 家单位倡议，成立中国林学会自然教育委员会，致力于建立完善自然教育体系，全面加强自然教育顶层设计，推进资源整合，统筹、协调、服务各地自然教育开展。发布《全国自然教育中长期发展规划（2023—2035）》，牵头编制 6 项团体标准，出版《自然教育标准辑》，创办中国自然教育大会、北斗自然乐跑大赛、自然教育嘉年华等实践平台，开展自然教育师培训，遴选推荐自然教育优质活动课程、优质书籍读本和优秀文创设计产品，推选全国自然教育基地（学校）等，在全国范围内掀起自然教育热潮。

深圳籁福文化创意有限公司

深圳籁福文化创意有限公司由活跃在全国自然教育一线的机构和个人于 2018 年创办，致力于通过搭建交流平台、开展行业研究和人才培养等，推动自然教育行业良性发展，目前以打造行业发展专业研究团队、自然教育论坛、自然教育基础培训、青年 XIN 声等品牌项目。研究团队自 2015 年起每年进行年度自然教育行业发展调研，并于 2019 年起受中国林学会委托，负责组织业内专家学者开展 2019—2022 年自然教育发展报告的调研、撰写等工作。此外，目前展开的工作还包括：专题研究、区域研究、国际自然教育行业发展现状和趋势研究等。

摘 要

2021年对中国乃至世界都是充满不确定性的一年，经过10余年蓬勃发展的自然教育行业，自然也迎来了新的挑战和机遇。研究团队在往年行业研究的基础上，利用中国林学会在林草系统各类型自然保护地的影响力，结合大专院校的科研实力，面向行业调研2021年中国自然教育行业发展的基本情况，系统梳理了新的政策环境、社会环境、经济环境等对自然教育产生的影响，以支持自然教育行业更好地把握机遇、应对挑战、韧性变革、科学发展。

本报告以文献调研、在线问卷调查、深度访谈为主要研究方法，回顾了自然教育的基本概念及其在中国的发展脉络，并着重分析了2021年中国自然教育发展的宏观环境，调查分析了自然教育行业的主体和服务对象两大群体的现状，单独分析了以自然保护地为主的自然教育基地（学校）的基本情况，探讨中国自然教育行业发展面临的挑战与机遇，并在此基础上对中国自然教育行业的发展提出策略及建议。

1. 中国自然教育的发展历程回顾

自然教育根植于中国本土文化，诞生、发展皆与社会生产、时代变迁相呼应。20世纪90年代，随着人们对生态环境问题的关注，自然教育经历了孕育期、萌芽期，到2014年前后进入蓬勃发展期。自然教育强调“在自然中”，以“人与自然和谐共生”为根本目的，包括“人的健康与发展”和“自然的健康与发展”两个维度。自然教育对人，特别是儿童的身心健康、人格培养、学业发展、环境素养养成等方面发挥重要作用。

2. 2021年中国自然教育发展的宏观环境

自然教育在生态文明背景下，政策利好趋势明显，其中，林草系统在自然教育中发挥了重要作用。“双减”政策释放更大的对自然教育需求的空间。城市化建设引导自然教育拓展新外延，乡村振兴带来更多可能性，文化旅游持续提供有力支持。另外，部分省份相继发布与自然教育相关的政策和指导意见。相关标准也陆续出台，带来良好的省域发展环境，自然教育规范化发展成为趋势。除此之外，经济环境总体稳定、人均可支配收入增加、人工智能等技术迅速发展，公众生态环保意识加强，让自然教育发展的机遇与挑战并存。

3. 自然教育行业概况

自然教育作为一个新兴行业，目前虽难以定义其所属领域，但各项特征显著。据不完全统计，自然教育机构的数量粗略估计有 4000~20000 家；自然教育从业者 5 万 ~30 万人；每年组织开展各类自然教育活动可达 30 万 ~150 万场次；参与人次 1500 万 ~8000 万人次；历年的营业收入体量 20 亿 ~110 亿元；市场潜在规模可突破 300 亿元。

4. 从事自然教育的主体

从事自然教育的主体分为自然教育机构及自然教育从业者。其中，自然教育机构以小而美为主要特点，近 3 年的增长率达 11.90%，呈现较高的增长率；但 2021 年机构亏损占比较高，疫情影响仍在继续，预期的增长性消费暂时没有到来；自然教育机构的业务内容以自然教育活动为核心，聚焦本市 / 本地区；服务对象及内容同质化明显，活动方式较为单一，客户留存率低。自然教育从业者的数量增长率也较高，但入职后 1~3 年的人才流失率较高，自然教育行业有较强吸引力，但留住人、发展人方面仍有非常大的提升空间；热爱是自然教育从业者主要的从业动机，对行业整体满意度较高，但薪酬、职业发展和日常管理的满意度较低，行业发展尚不成熟。

5. 自然教育服务对象

受访者普遍认为接触自然很重要，以利己动机为主，亲环境动机和亲社会动机较弱；受访者最感兴趣的自然教育活动为大自然体验类，二线城市更倾向于付费更高价格，受访者更加注重课程 / 活动内容本身，对自然教育导师的依赖度较高；受访者认为自然教育能够增强自己及孩子对大自然和保护大自然的兴趣，对自然教育的整体满意度较高，具体满意度主要集中在社群氛围、课程效果、带队老师的专业性及互动性等方面；未来 12 个月预期参加自然教育活动的可能性略有上升，但参与频率较往年持续降低，受访者计划在 2022 年投入自然教育的消费金额主要集中在 3000 元以内。

6. 自然教育基地（学校）

自然教育基地（学校）的性质以事业单位、政府部门及直属单位为主，资金来源以政府专项经费为主，一般都拥有自营 / 自有的基地，基础设施完善；资金来源及运营成本稳定，规模总体水平在自然教育机构中偏大；业务以面向小学生团体提供免费的自然教育体验活动 / 课程为主，聚焦自身资源禀赋；与自然教育机构平均特征相比，自然教育基地（学校）更重视课程研发，但客户留存率更低，2021 年自然教育活动频次及参与人次明显减少，疫情影响仍在继续。

7. 自然教育面临的挑战

自然教育面临的主要挑战体现在缺乏精准的政策引导，政策利好后力不足；国际市场缩小，国内市场新进入者多，竞争加剧；政府主导性强，资金资源流向政府相关机构，民间机构乏力；科技飞速发展，自然教育的技术变革充满未知；薪酬水平较低，人才问题依然是重要挑战；自然教育机构既有模式遇到瓶颈，亟须变革，以可持续的方式健康发展。

8. 自然教育面临的机遇

社会发展进入新时代，对自然教育的社会需求更加“凸显化”；政策利好优势不断叠加，对自然教育的需求更加“复合化”；林草系统深度参与支持自然教育，自然教育场域基础设施的建设更加“完善化”；以国家公园为主体的自然保护地发挥社会服务功能，自然教育开展内容进一步“在地化”；伴随着大资本进入自然教育领域可能性增加，自然教育多层面的细分将具有更加“多元化”的趋势。

9. 针对中国自然教育发展的策略与建议

基础理论层面：凝聚自然教育价值理念共识，梳理自然教育理论体系，为自然教育的开展提供科学的理论依据。制度层面：制定自然教育发展规划，制定精准的政策，引导政策持续发布，完善政策环境，促进跨部门合作。资源层面：面向自然教育领域吸引、投入资源，支持自然教育不同主体初始阶段的发展。生态层面：鼓励行业细分，丰富行业多元主体，构建稳健的行业生态。技术层面：建立专业人才培养机制，鼓励多元化的产品服务，提升组织运营能力，探索“自然教育 + 科技”新思路。保障层面：建设行业研究基础设施，鼓励专题研究，加强宣传，鼓励公众参与。

目　录

摘　要

第一章
背景和形势

第一节　中国自然教育发展历程回顾

自 2014 年第一届全国自然教育论坛在厦门举办之后，自然教育作为一个新兴的行业，表现活跃并蓬勃发展。致力于通过自然教育行业发展研究推动自然教育行业良性发展的相关部门（组织）每年主持开展自然教育行业发展调研，以期反映行业发展的现状和需求，并推动相关政策的制定和多方资源支持。

2014 年，厦门小小鸥自然生态科普推广中心在首届全国自然教育论坛的基础上梳理了《中国自然教育行业发展现状报告》，从自然教育的概念定义、自然教育行业的现状与特点、存在的问题与发展趋势、针对性建议、优秀机构案例等方面呈现自然教育领域的基本形态，形成了自然教育行业调查报告的雏形。接下来，在自然教育行业相关单位的主持下，自然教育行业调查报告自 2015 年起发布，连续 3 年，从自然教育机构、自然教育从业者、自然教育服务对象三个维度进行详细的量化分析，呈现国内自然教育发展的现状。2019 年，自然教育行业发展研究报告获得中国林学会的支持，并首次将自然教育目的地（自然保护地）纳入调研分析维度。《2020 中国自然教育发展报告》在延续往年从自然教育机构、从业者、目的地、服务对象四个维度实证分析的基础上，详细探讨了自然教育的定义、自然教育发展的思想源流，并从当前的挑战机遇、未来展望等方面探讨了自然教育行业的发展趋势。

过去一年，随着国家“十四五”规划将加强生态文明、建设美丽中国和推动形成人与自然和谐共生的新格局提到前所未有的高度，自然教育行业迎来了新的政策窗口。

在正式对自然教育行业整体面貌进行描述之前，有必要对自然教育的内涵外延进行进一步的探讨，并对我国自然教育的发展历程进行简要回顾，以便更好地理解现状。

一、自然教育的定义

关于“自然教育”的概念，目前尚未有统一的定义。2019 年中国林学会出版的团体标准对自然教育进行了初步定义，2021 年中国林学会对这个定义进行修改和完善，其中将自然教育定义为“以人与自然的关系为核心，以自然环境为基础，在自然中学习体验关于自然的知识和规律的一种教育和学习过程”。除此之外，《中国自然教育发展研究报告（2020 年）》中对自然教育的众多定义进行过详细的研究综述。

本报告继续沿用历年报告的定义，即采用 2019 年 1 月《自然教育行业自律公约》（定稿）中界定的“自然教育”，是指“在自然中实践的、倡导人与自然和谐关系的教育”。为了更好地理解自然教育，我们围绕这一定义对自然教育的内涵外延进行更进一步的探讨。“在自然中实践的”界定自然教育的空间维度，自然教育活动的主体部分应该在真实的自然环境中进行，注重在自然中的体验、学习，培养参与者亲近自然、喜爱自然的情感，从而真正建立人与自然的联结。“倡导人与自然和谐共生”明确了开展自然教育的根本目的，“人与自然和谐共生”才能减少人类活动对自然的负面影响，保护自然的同时也保障人类社会的可持续发展，也让个体获得自然的滋养，得以身心健康，均衡发展。

二、自然教育的目标、价值作用与特征

自然教育以建立人与自然的联结为直接目标，通过实现“人的健康与发展”和“自然的健康与发展”进而实现“人与自然和谐共生”的根本目的。其中，从人的健康与发展角度，自然教育对于作为个体的人的健康与发展有重要意义。美国作家理查德·洛夫曾在《林间最后的小孩》一书中提出了“自然缺失症”一词，其描述的是由于儿童在大自然中度过的时间越来越少而导致的一系列行为和心理问题。这不是一种需要医生诊断或需要服药治疗的病症，却是当今社会的一种危险现象，主要源于人与自然的疏离，人缺少对自然环境的真实体验，以及人与自然联结的减弱。刘铁芳（2012）认为自然教育以儿童生命自然作为起点，以此来对抗当下教育实践中的诸多遮蔽，重新确立儿童对知识与世界的热情与好奇心。儿童时期作为个人一生中三观形成、性格养成、能力培养的重要时期，获得自然的滋养、在自然中健康快乐地成长、重新建立人与自然的联结，对于个体的人更健康的

发展至关重要。自然教育就是达成这一目标的重要方法和途径。岳伟等（2020）在探讨自然体验教育的价值意蕴与实践逻辑中指出，自然体验教育可以帮助学生回归自然、感受自然界的生命律动和变化规律，认识到人与自然的紧密联系，发现自然界的万物对人类的影响，在自然体验中形成对大自然的归属感。通过自然教育影响和改变人们的意识和行为，促进其采取积极的行动，身体力行地保护自然，实现自然的健康与发展，是自然教育的另一重要目标。

总体看来，自然教育是在自然中实践的，倡导人与自然和谐共生关系的教育。基于对自然教育定义和目标的分析，可以发现自然教育一般具有如下特征：①自然教育的环境是在真实的自然环境中进行的，提倡亲近自然，引导参与者在自然中获得启发；②自然教育的形式是在体验中学习，有趣而多元化，培养参与者对自然亲近、喜爱的情感，建立与自然的联结；③自然教育的内容是关于自然界中的事物、现象及过程的学习、认知，以自然界中的实物为教学素材；④自然教育的目的是认识自然、了解自然，从而能促成自然保护的行动，达到与自然为友，进而实现人的健康与发展及自然的健康与发展，最终实现人与自然和谐共生。黄宇（2021）认为，自然教育启发人们与自然结伴，有一种对生命的态度，有一种对万物的敬畏感；同时，自然教育也是一种具有情境性、行动性、反思性、感悟性、主体性等特点的教育。综合来看，自然教育的关键是要为学习者提供一种较少人工干预和影响的学习环境，使之在其中“浸润”和发展，从而获得身体、心灵、知识、技能、品德等方面的发展。

自然教育作为生态文明教育的重要形式，其作用重大。在中国，关于自然教育这一新兴领域成效的评估和研究还比较缺乏，但国外已开展了大量有关自然对儿童发展的作用等相关领域的研究。2016 年，美国儿童与自然网络（The Children & Nature Network）、美国国家城市联盟（The National League of Cities）和 JPB 基金会（The JPB Foundation）共同梳理相关研究成果，认为自然体验在提高儿童体质健康、视力健康，增加体能运动，降低肥胖症风险，优化社会情绪等方面都有积极作用。在国内，闫保华、王西敏等梳理自然教育相关研究成果，认为参与自然教育活动可以激发儿童对自然的好奇心，学习自然探索和体验的方法，养成与自然亲密互动的习惯，建立与自然的联结，从而在身心健康、人格培养、学业发展、环境素养等方面，对儿童全面发展、未来拥有更加幸福的人生发挥重要作用。

第二节　中国自然教育发展的宏观分析

一、政策法律

1. 生态文明背景下，政策利好趋势明显

党的十八大以来，生态文明写入党章，“绿水青山就是金山银山”的发展理念迅速融入全国各地的发展战略中。国家“十四五”规划的发布开启了全面建设社会主义现代化国家新征程，加强生态文明建设、建设美丽中国，推动形成人与自然和谐发展现代化建设新格局被提升到前所未有的战略和全局高度。伴随着《生物多样性公约》缔约方大会第十五次会议的召开，国务院相继印发《关于进一步加强生物多样性保护的意见》和《2030 年碳达峰行动方案的通知》，加强生物多样性保护，实现碳中和、碳达峰和绿色低碳循环发展等理念融入了生态文明建设的全过程。自然教育作为推动生态文明建设、绿色发展的重要助力，迎来了新的政策窗口，政策利好优势不断扩大。

（1）林草系统积极推动自然教育发展

为加强生态文明建设，促进林业现代化发展和林业草原产业转型升级，2019 年 4 月，国家林业和草原局发布《关于充分发挥各类自然保护地社会功能，大力开展自然教育工作的通知》，将自然教育定位为“林业草原事业发展的新领域、新亮点、新举措”，强调要“大力提高对自然教育工作的认识，努力建设具有鲜明中国特色的自然教育体系”，从国家层面充分肯定了自然教育工作的社会意义和价值，并有力推动着自然教育事业的发展，这也是“自然教育”首次正式出现在国家相关政策文件中。同年，中共中央、国务院颁布《关于建立以国家公园为主体的自然保护地体系的指导意见》，强调“为全社会提供科研、教育、体验、游憩等公共服务”是自然保护地的核心功能之一，鼓励自然保护地“探索全民共享机制，在保护的前提下，在自然保护地一般控制区内划定适当区域开展生态教育、自然体验、生态旅游等活动，构建高品质、多样化的生态产品体系”，丰富了开展自然教育主体的多元性，为自然教育提供了更丰富的自然场域资源。2020 年，为深入贯彻生态文明思想，提高广大青少年生态文明意识，扎实推进青少年自然教育工作，关注森林活动组织委员会研究制定了《全国三亿青少年进森林研学教育活动方案》，并开展国家青少年自然教育绿色营地认定工作，以期到 2025 年实现全国 50% 以上青少年参与森林研学教育活动，生态文明意识显著提升。该方案的提出将加快自然教育基础设施建设，逐步将青少年进森林研学教育活动融入中小学教育。2021 年 8 月，国家林业和草原局联合国家发展

和改革委员会印发《"十四五"林业草原保护发展规划纲要》(以下简称《纲要》),明确了"十四五"期间我国林业草原保护发展的总体思路、目标要求和重点任务。其中明确作出"提升自然教育体验质量"的要求,要求"健全公共服务设施设备,设立访客中心和宣教展示设施""建设野外自然宣教点、露营地等自然教育和生态体验场地""完善自然保护地指引和解说系统,加强自然公园的研学推广"。《纲要》将自然教育工作的重要性提升到了新的战略高度,以指导各省林草部门从5年甚至更长时间跨度系统配置资源、可持续地规划本地区自然教育工作。

(2)"双减"政策释放更大的自然教育需求空间

中国特色社会主义建设进入新时代,我国社会主要矛盾已经转化为人民日益增长的美好生活需求和不平衡不充分的发展之间的矛盾。在教育领域的表现是人民群众日益增长的高质量教育需求和教育发展不平衡不充分之间的矛盾,围绕有限资源的竞争强度越来越大,时间也越来越提前,教育内卷严重,家长焦虑,学生身心健康也深受影响。2021年7月,《关于进一步减轻义务教育阶段学生作业负担和校外培训负担的意见》发布。内容重点是"双减":一是减少校内作业量,减轻学生负担;二是减少校外培训负担,从严治理校外培训机构。教育改革从小修小补的局部性变革变成具有政策组合拳攻势的系统性变革,希望将中小学生从应试教育中解放出来,获得更多可以全面发展的时间精力。这一政策将使自然教育被选择的可能性增加,自然教育机构更可能与学科机构、学校等合作。

(3)城市化建设引导自然教育拓展新外延

"十四五"规划强调要深入推进以人为核心的新型城镇化战略。随着城镇化进程加快,物质资源更为丰富,而同时环境压力、自然缺失症等挑战也日趋明显。构建多元城市生态系统和城市自然教育体系以帮助城市儿童更好地发展,便成为迫切需求。2021年,国家发展和改革委员会等23个部委印发《关于推进儿童友好城市建设的指导意见》,要求"开展儿童友好自然生态建设。建设健康生态环境,推动开展城市儿童活动空间生态环境风险识别与评估评价。推动建设具备科普、体验等多功能的自然教育基地。开展儿童友好公园建设,推进城市和郊野公园设置游戏区域和游憩设施,合理改造利用绿地,增加儿童户外活动空间"。自然教育将深度融入新型城市化建设中,自然教育也将从基于活动的教育,逐步拓展为基于自然教育理念的咨询、规划与设计。

(4)乡村振兴带来新空间

2018年全国两会提出要从乡村产业振兴、人才振兴、文化振兴、生态振兴、组织振兴五大方面推进乡村振兴,党的十九届五中全会全面布局乡村振兴,2020年随着脱贫攻坚战取得胜利，乡村振兴国家发展战略全面推进，对农业强、农村美、农民富的终极目标提出了诸多要求。农村成为接下来一段周期内的发展新阵地。自然教育多方面的价值创造为乡村振兴提供了新指引的同时，乡村丰富的自然资源和文化底蕴也为自然教育提供了新的想象空间。

（5）文化旅游提供有力支持

《“十四五”文化和旅游发展规划》中指出，文化旅游需满足人民日益增长的美好生活需要，提供更多优质旅游产品，优化旅游产品结构，创新旅游产品体系，提高供给能力和水平。这其中就包括建设生态、海洋、冰雪、城市文化休闲等特色旅游目的地；发展康养旅游，推动国家康养旅游示范基地建设；开展国家级研学旅行示范基地创建工作，推出一批主题鲜明、课程精良、运行规范的研学旅行示范基地；建设全国风景道体系，打造具有广泛影响力的自然风景线和文化旅游廊道等。文化旅游作为自然教育的重要载体之一，打造自然友好、具有教育功能的文化旅游产品是创新旅游产品体系、提高优质旅游产品的重要方向之一，文化旅游的基地产品持续优化建设也将为自然教育提供有力的支持。

2. 相关标准陆续出台，推动自然教育规范化发展

伴随着利好政策不断释放，自然教育蓬勃发展。为应对自然教育行业的迅速发展带来的对能力建设的多种需求，避免潜在的行业乱象，使自然教育科学规范发展，相关组织陆续尝试发布自然教育相关团体标准。

2019 年，广东省人力资源和社会保障厅联合广东省林业局印发《广东省林业工程技术人才职称评价标准条件》将自然教育列入林业人才职称评定范围；中国林学会发布《森林类自然教育基地建设导则》和《自然教育标识设置规范》2 项自然教育团体标准，对自然教育基地的规范性建设提供详细指引。2021 年，发布了《湿地类自然教育基地建设导则》《自然教育志愿者服务管理规范》等标准；中国绿发会发布《自然教育指导师专业标准》《学前自然教育基地评定导则》；四川省发布《四川省森林自然教育基地评定办法（试行）》，其中明确提出不符合条件者将予以摘牌并公示。

不同团体尝试推出不同类型的标准，且数量逐渐增加、内容呈细分趋势，标准发布后的影响仍在沉淀。针对自然教育这一新兴的行业，如何通过各类标准既让其保持发展活力，同时又能够有效引导其健康可持续地发展，仍然是重要课题，但规范化发展的趋势已经初见端倪。

二、经济环境

1. 国民生产总值稳步恢复，经济环境总体稳定

2021 年，国内生产总值达到 114 万亿元，比上年增长 8.1%（图 1-1）；全国财政收入突破 20 万亿元，同比增长 10.7%。总的来看，2021 年我国经济持续稳定恢复，经济发展和疫情防控保持全球领先地位，主要指标实现预期目标（2021 年经济发展的主要预期目标：国内生产总值增长 6% 以上；城镇新增就业 1100 万人以上，城镇调查失业率 5.5% 左右；居民消费价格涨幅 3% 左右；进出口量稳质升，国际收支基本平衡）。

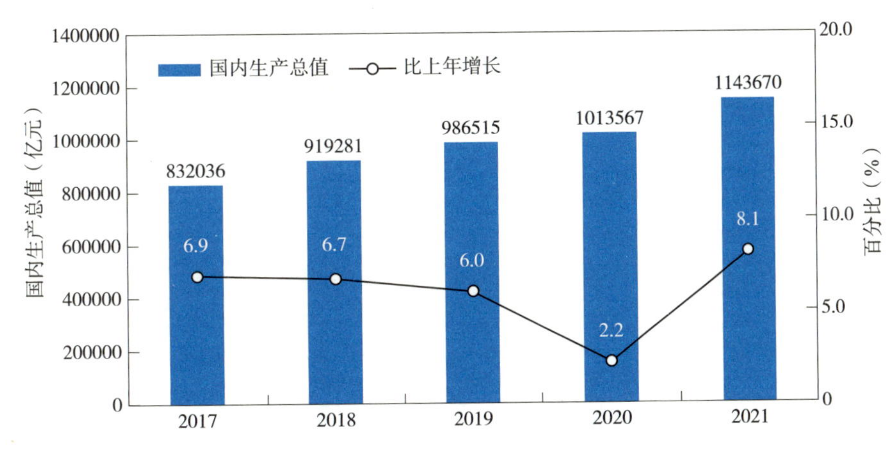

图 1-1　2017—2021 年国内生产总值及其增长速度

其中，第三产业增加值比重为 53.3%，在国内生产总值的增加值中，以第三产业为主，增加值为 609680 亿元（图 1-2）。

尽管全球疫情仍在持续，世界经济复苏动力不足，外部环境更趋复杂严峻，但中国经济发展总体平稳运行且稳步恢复，为自然教育提供了良好的经济环境和坚实的经济基础。

2. 人民生活水平稳步提高，人均可支配收入增加

2021 年，居民人均可支配收入 35128 元，扣除价格因素，实际增长 8.1%（图 1-3）。居民人均消费支出为 24100 元，实际增长 12.6%，按常住地分，城镇居民人均消费支出 30307 元，实际增长 11.1%；农村居民人均消费支出 15916 元，实际增长 15.3%。在人均消费构成方面，人均服务性消费支出为 10645 元，比上年增长 17.8%，占居民人均消费支出的比重为 44.2%。除去食品、居住、交通通信外，居民在教育文化娱乐人均消费占据第四大比例，为 10.8%（2599 元）（图 1-4）。除此之外，脱贫攻坚成果得到巩固和拓展，基

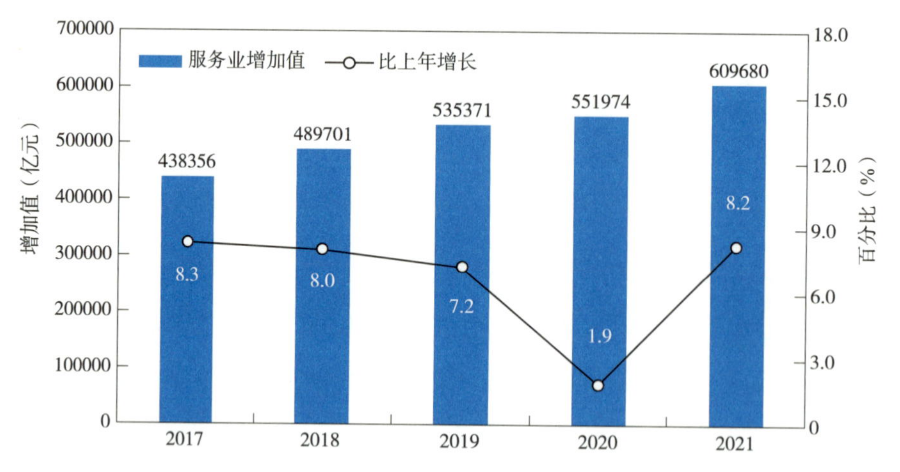

图 1-2　2017—2021 年服务业增加值及其增长速度

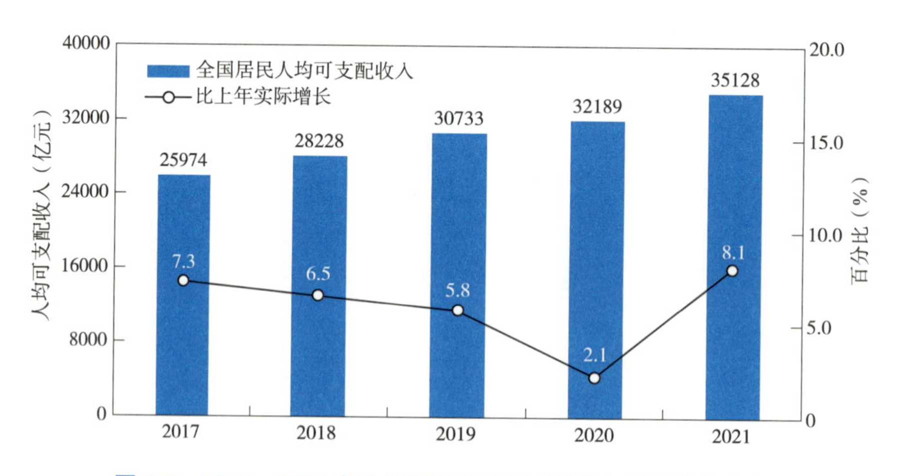

图 1-3　2017—2021 年全国居民人均可支配收入及其增长速度

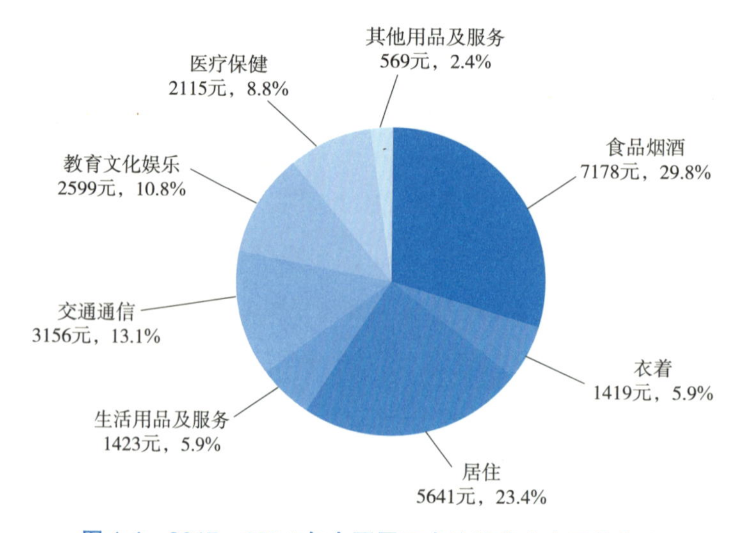

图 1-4　2017—2021 年全国居民人均消费支出及其构成

本养老、基本医疗、社会救助等保障力度加大，教育改革发展迈出新步伐，人民生活水平稳步提高。

大背景下，人民生活水平稳步提升，人均可支配收入增加，人均服务性消费支出，特别是教育文化娱乐人均消费增长。而“双减”政策的强势实施让居民在学科类培训上减少了支出。可以预见，以自然教育为代表的素质能力教育将迎来更大的消费市场。

三、社会文化环境

城镇化趋势加强。随着社会经济发展及国家城镇化政策的推进，中国正在快速城市化进程中，儿童的生长环境也在发生变化。第七次全国人口普查公报显示，全国居住在城镇的人口有9亿多，占总人口的63.89%，与2010年第六次全国人口普查相比，城镇人口比重上升14.21个百分点。随着城市化进程，经济水平提升、物质更为丰富，但是也带来很多挑战，例如，城市人口增长对环境的压力和城市儿童与自然的疏离。越来越多在城市生活的儿童，缺乏与自然亲密接触的机会。因而，自然教育应当更多参与城市建设，以应对城镇儿童的自然缺失症。

高学历父母扮演重要角色。作为第一代独生子女，80后、90后逐步承担起了养育儿女的责任。80后、90后家长与上一辈相比，高等教育普及水平更高，思维模式、行为模式和教育理念也更具有兼容性，价值取向更多元，能为子女提供自主发展的空间和机会，更重视子女的素质教育和道德与性格的养成。现行的教育体制下，越来越多的家长愿意尝试创新的教育理念，关注到自然教育。

四、技术环境

科技发展带来职业生态巨变。从渔猎社会、农耕社会、工业社会到当前的信息社会，人类文明不断向前发展，伴随着每一次文明迭代而来的是生产生活方式的一系列深刻变革。如今，信息社会已进入发展成熟期，从3G到4G，再到5G，人工智能、物联网、云计算、区块链、视频社交等新技术新产业作为支撑，不仅将创造新的产业机会，也将对职业生态带来巨大变化。受疫情的影响，很多活动由线下改为线上，加速了信息技术的普及，互联网技术基础设施的广泛升级、线上办公成为日常，个人时间被更大程度地碎片化、灵活化；技术的驱动为未来的教育模式创造了无限的想象空间，3D、VR、AR等技术在教学场景中开始普及。自然教育强调在自然中实践，如何利用技术的发展，实现更灵活的组织形式，实现虚拟环境中的自然体验，也将成为可探索的方向之一。

五、生态环境

全球生态危机加剧，公众生态保护意识加强。从 20 世纪 50 年代开始，西方发达国家相继进入第二次世界大战之后的建设阶段，经济建设、社会建设迅速恢复，但全球生态危机却不断加深：全球变暖、气候异常、土地荒漠化、森林面积锐减、能源资源枯竭等全球性的生态危机日渐凸显。在中国，随着经济的发展，土壤环境、水环境、草原森林环境、生物多样性等自然环境议题也越来越受到重视。近年来，气候变化、生物多样性减少、疫情持续发酵、极端自然现象发生频率上升，给人类生存和发展带来警示。随着“十四五”开局，加强生态文明建设、建设美丽中国，推动形成人与自然和谐发展现代化建设新格局被提升到前所未有的战略和全局高度。在绿色发展、双碳目标、可持续发展、两山理论、构建生命共同体理念的引领下，社会公众对生态保护的认知度、联结感也将大幅度提升。

第三节　林草系统自然教育工作综述

2021 年是“十四五”开局之年，我国的自然教育事业依旧在疫情常态化防控形势下奋力前行，自然教育理念更加深入人心。国家有关部门进一步强化政策引领，为我国自然教育事业平稳发展提供有力支撑，确保“十四五”自然教育事业的良好开局。中国林学会进一步加强统筹引领，创新服务方式，广泛调研自然教育发展现状，明确行业发展方向；研制发布自然教育团体标准，推动行业规范化开展；大力开展自然教育培训，致力自然教育人才队伍建设；服务各地自然教育学校、基地建设，丰富自然教育活动类型；推荐自然教育优质课程和书籍，搭建受众与自然的连接桥梁，在机遇与挑战中推动我国自然教育体系不断完善。

多地发布自然教育发展指导意见和工作方案，进一步完善组织体系，推动自然教育长足发展。2021 年，各地林草系统有关单位以习近平生态文明思想为指导，带领全社会积极推行自然教育理念，主要从全民活动、政策高位、基地建设和人才培养四个方面推动自然教育工作。

一、以全民活动推动自然教育发展

自然教育的受教育主体是公众，因此，推进自然教育在公众中的普及，是促进自然教育良性发展的必要工作。在活动的过程中政府和社会各界密切合作，有效地带动公众特别是广大青少年亲近自然、了解自然和保护自然。

在活动形式上，各地积极响应“千园千校，一起向自然”的自然教育嘉年华活动。同时，积极打造具有地方特色的自然教育品牌活动，如开展自然教育讲坛等主题研讨，开展自然教育从业者竞赛与评选；举办自然嘉年华、自然观察大赛、自然笔记大赛等公众活动；创立地方特色电视节目，打造线上自媒体传播专栏等多种形式开展并沉淀地方自然教育品牌。

北京市 2021 年全年组织开展“森林与人”系列活动 90 场，在往年的基础上创新了“线上 + 线下”的新型活动模式。课程设置在宣传自然、生态、环境保护知识的同时，还积极响应“双碳”的号召，开设碳汇与减排系列课程，通过讲解、模拟温室测量温度变化等，普及碳达峰、碳汇等相关知识，提高参与者节能减排的意识与能力。参与系列活动的家庭对活动的设计满意度达到 100%。

上海市 2021 年主要面向大中小学生开展了各种类型的自然教育活动。以自然教育走进校园，发挥大学生专业优势，通过“大手牵小手”，开展校园植物普查，鸟种情况记录，测量树高、胸径等活动，让学生们体会到生命的神奇、体验到合作的力量、体验到专注和探索带来的无限“智慧”、感受大自然的无限魅力。以“爱上海”“爱‘沪’野生动物”为可持续主题，开展“爱鸟周”“上海市民观鸟大赛”“生物限时寻”“自然笔记”“昆虫记”以及专题自然教育讲座等内容丰富的活动，吸引上海市民、中小学生参与了解自然、认识自然，进一步提高了公众对自然教育工作的关注。

安徽省 2021 年联合已获批的全国林草科普基地、自然教育基地（学校）等合作机构，积极开展“少年儿童植物科考大赛”“科普日主题活动”“爱鸟周”“夏令营”等活动 1000 余场，并通过林学会网站和合作机构自媒体等进行宣传报道，把爱自然的理念根植于人民心中。

福建省于 2021 年 12 月成立自然教育专业委员会，作为林学会二级分支机构，致力推动自然教育工作。发挥世界遗产地、国家公园等自然资源丰富的优势，结合“爱鸟周”等各种节日，开展“认识自然、体验自然和享受自然”等主题活动，打造一批与自然教育相关的活动品牌，全省每年有数十万名中小学生（人次）参加。

广东省 2021 年举办第三届粤港澳自然教育讲坛暨粤港澳自然教育嘉年华活动，是截至目前全国自然教育领域最大型的嘉年华活动。组织第二届粤港澳自然教育季，统筹全省自然教育基地为公众组织了 300 余场以自然为师的生态教育。举办第二届粤港澳自然教育观察大赛，以观虫为主题面向中小学生征集自然笔记作品，通过手绘的方式展示粤港澳生物多样性之美。除了面向公众的活动之外，还举办了选拔自然教育从业者的首届广东省自然教育大赛，评选出广东省首批自然教育之星和优秀课程。

湖南省开展的自然教育活动以湖南省植物园为代表，组织了 50 多个主题、122 场次精彩的自然教育活动，直接参与人数超 3 万人次，科普展览服务超百万人次。积极开设线上自然教育渠道，如微信公众号（湖南省植物园公众号粉丝量超 88 万）、抖音、微博等，发表《探寻植物多样性之美》系列文章，单篇阅读量最高达 6.2 万人次，累计阅读量近 40 万人次。同时，常规化开展自然教育进校园、进乡村、进社区活动，和周边 10 多所中小学签署共建协议，把自然教育和科学、生物、美术及劳动课程紧密结合，组织开展“自然大课堂”系列实践活动 30 余场。

陕西省深入开展自然体验、“青少年进森林”专题研学、生态文明教育进课堂等生态文明教育实践活动，编印《陕西省自然体验师解说指导手册》；举办自然教育课程设计大赛，征集具有时代特征、陕西特色的课程设计作品 50 件，评选出 26 个优秀课程。与陕西卫视联合开展自然教育体验互动节目《我们的绿水青山》，已播出 5 期，收视率持续走高。

黑龙江省围绕“关注森林·走进自然”主题开展系列活动。线上在横道河子东北虎林园成功举办“7·29 老虎日”大型直播宣传；线下则开展“百米画卷千人画虎”国际青少年绘画展、龙藏中学生暑期“同心营”暨阳光陪伴成长康马中学龙江行夏令营、黑龙江自然教育吉祥物征名、“龙江小虎队”少年志愿者招募、首届自然教育课程设计大赛等活动。在推进自然教育宣教深入开展的过程中，黑龙江省林学会与省青少年发展基金会、省教育厅、央广网、中国广电黑龙江网络有限公司、团省委深化合作，打造媒体宣传矩阵，其中“学习强国”平台持续推送黑龙江省自然教育课程 25 课；极光新闻开设“东北虎”频道，该平台将助推黑龙江省自然教育各有关单位的全方位合作。

辽宁省林学会自然教育专业委员会通过研究，形成了包含森林文化馆、竹藤文化馆、湿地文化馆、茶文化馆、花文化馆、沙文化馆、草原文化馆 7 个主题馆的“中国生态文化数字化特色馆”。该特色馆共有视频资源 112 个，图文资源 1047 条，免费面向社会和大中小学生开放，自 6 月建成以来点击量已达到了 464676 次。辽宁省林学会以省内 13 个自然教育基地为依托，组织开展相关工作，重点从自然保护地建设管理者以及高校教师的角度，对省内当前自然保护地与自然教育工作取得的成就、问题和发展趋势展开研讨。同时，通过开展自然教育活动，将辽宁省自然保护地建设情况与环保理念普及到广大民众中去。

吉林省林学会积极搭建产学研一体化自然教育平台，以推进自然教育体系开发、制定研学规划方案以及运营管理服务。组织体制内单位与自然教育社会机构合作开展自然教育机制问题座谈会，举办自然教育嘉年华，内容包括自然教育项目体验、打卡、文创产品制作及集市展示等，数千人参加活动，深受广大市民喜爱。

山西省林学会自然教育专业委员会积极组织多场自然教育主题活动。启动“山西省自然教育公益大讲堂”，在省内高校进行自然教育主题宣讲活动，对于自然教育在高校传播起到良好效果；联合山西省林业和草原科学研究院标本室，面向不同年龄段小朋友和学生开展植物、昆虫标本参观与讲解活动；组织了生态守护游、史前探秘、“一起走进大自然”春夏自然课程、二十四节气自然教育课堂等多项自然教育活动。

浙江省各自然教育机构、专委会成员单位积极开展各类自然教育活动，总服务量达298.7万人次，其中，线上自然教育活动触达285万人次，各类线下自然教育活动覆盖10万人次，线下公益志愿者服务人次达3.7万人次。宣传渠道广泛多样，通过浙江省林技通、浙江省林学会、《浙江林业》杂志、《中国绿色时报》等纸媒、报刊或微信公众号，普及自然教育有关知识。

四川省持续深入推进全民自然教育，助力全国自然教育工作取得新进展，全年四川线上线下自然教育参与达到1亿人次。2021年，四川省完成基于规划编制的全省全民自然教育情况调研，普查全省自然教育情况；举办了2021自然笔记大赛，评选出一批优秀自然笔记作品；启动实施数字“熊猫科普行动”，举办3期“熊猫1000问”网络知识竞答，科普大熊猫及大熊猫国家公园知识；正式将四川自然教育基地（机构）纳入成都市推出的“互联网+”一站式市民服务平台、“天府市民云”推介内容，在市民群体中深入推广自然教育。

云南省受云南省科学技术协会“彩云之南自然教育”进校园项目支持，2021年在小学科学课堂及3点半课程教学中实施“彩云之南自然教育”课程，深入云南多所小学开展活动，达到提高小学科学教育及自然教育有效性的目标。云南省林学会自然教育基地石城自然学校开展了“高原候鸟博物成长营”，观察湿地鸟类生活，在深度的体验式学习中关注鸟和湿地环境的关系，思考人类行为和鸟儿行为的协同进化；开展“高黎贡山动物寻踪”“云南地质漫游营”、认识身边的生物多样性、“第六届石城柿集嘉年华”等系列活动；日常举办“石城四季课堂”“城市夜观”“地质时光机”“绿野仙踪”“山野之窗营期”“河川探险营”等自然教育活动。

贵州省充分依托良好的绿色自然资源和红色文化底蕴，积极推进自然教育工作。2021年贵州省贵阳国际生态文明论坛“森林康养·中国之道”主题论坛成功举办，并到贵州师范大学贵安附属初级中学开展主题宣传。

江西省2021年召开了“第二届江西自然教育高峰论坛”。江西15个“自然教育学校（基地）”主要负责人、自然教育企业代表、非政府组织（NGO）代表、自然教育志愿者以及江西省林业局自然教育工作行政主管部门负责人共100余人参加。

青海省2021年依托国家公园、国家级自然保护区、国家湿地公园等平台，开展了不同层面、不同形式的自然教育活动。受益人群覆盖青少年、家庭、学校、机关、社区等人群，直接受益人数约4.2万人次。先后开展2次自然教育进机关活动。2021年，青海省开展了“建设国家公园示范省，传递大美青海情”——喜迎建党100周年进机关首场展演活动。在省国家公园科研监测评估中心联合工会、协会在市体育公园举办的趣味运动会中运用自然教育理念，并先后在祁连山和青海湖2个国家公园（候选区），大通、孟达、柴达木梭梭林、玉树隆宝4个国家级自然保护区，西宁湟水、刚察沙柳河、乌兰都兰湖、曲麻莱德曲源、贵德黄河清、互助南门峡、贵南茫曲7个国家湿地公园全方位实践自然教育体系化建设等工作。

内蒙古自治区自然教育活动的主要代表是赤峰市野生动植物保护协会组织的系列活动。协会利用赤峰市的自然保护区、森林公园、地质公园等自然保护地以及城市公园，在“爱鸟周”“野生动植物保护日”“世界湿地日”以及寒暑假期、端午节、国庆节小长假等期间，组织中小学生和家长开展自然教育活动。举办走进乌兰坝自然博物馆、端午节带你“去嗨”自然体验、“发现生命轨迹，探索自然奥秘”、自然教育走进敖汉旗乡村幼儿园、七锅山地质公园科普活动周等活动，使自然教育活动走入学校、走入课堂，收到了良好的活动效果，让孩子们在快乐中感受了大自然的千姿百态和神奇，收获了丰富的自然知识，培养了他们热爱自然、探索自然的浓厚兴趣和保护自然的生态意识。

河北省以“大力发展自然教育事业，促进河北生态文明建设”为主题召开河北省第五届学术大会。现场参会160余人，会上特邀华北地区自然教育专家开展学术交流，实地考察柳江盆地地质遗迹自然保护区等自然教育基地。河北省林学会自然教育专业委员会挂靠单位——河北林业生态建设投资有限公司组织筹办自然教育活动157次，接待华北地区青少年5万人次；带动全省自然保护地开展丰富多彩的自然教育活动，服务受众人数突破百万人次。

以活动带动自然教育发展是推进自然教育的必行之路。总体来看，大部分省（自治区、直辖市）的林草部门都意识到了大力开展全民自然教育活动的重要性和必要性，基于各地的具体情况开展自然教育活动也取得了积极的效果。

二、以政策高位推动自然教育发展

多项宏观政策利好自然教育行业发展的同时，政府有关部门也从 2021 年充分关注到了自然教育领域，各地出台各种政策指导和逐步推进的行业体系顶层设计，呈现出明显的省域特色，为中国自然教育的进一步发展提供了强有力的支撑。

2021 年，广东省林业局发布《广东省自然教育发展“十四五”规划（2021—2025 年）》，锚定 2035 年林业现代化基本实现、南粤秀美山川基本建成的远景目标，对“十四五”期间广东省自然教育发展工作进行了谋划部署。通过对自然教育的场所体系、产业体系、标准体系和传播与推广体系的综合建设，以示范基地建设工程、特色课程活动开发工程、网络平台建设工程、标识系统建设工程、人才队伍建设工程五大重点建设工程为抓手，着力构建机制科学、体制健全、主题鲜明、竞争力强、国内领先的广东特色自然教育体系。做到“三年打基础，五年初见成效”，努力建设一批在国内外具有重要影响力的自然教育示范基地，力争建成主题鲜明、形式多样、内容丰富、竞争力强的自然教育强省。出版《广东省自然教育探索与实践》，对广东省的自然教育发展进行了有效的经验总结。

江西省也编制了《江西自然教育“十四五”发展规划（2021—2025 年）》和《江西省自然教育基地认定（命名）办法》，完善自然教育工作规范，谋划“十四五”期间自然教育活动，着力构建自然教育体系。

2021 年，福建省林业局会同省教育厅，联合省委文明办等 13 家省直单位共同印发《关于加快推进自然教育高质量发展的指导意见》。这是福建省第一份明确以自然保护地为载体大力发展自然教育的文件，覆盖面为全国最广，并明确提出了“全民自然教育”，对于福建省范围内高质量发展自然教育具有积极重要的推动作用。

2021 年 6 月 3 日，黑龙江省林业和草原局和省教育厅联合发布《关于组织开展中小学自然教育活动的通知》，共同组织开展中小学自然教育活动，以深入贯彻落实习近平总书记生态文明思想，积极践行绿水青山就是金山银山的理念，进一步提高中小学生生态文明意识。

湖北省林学会为了进一步融合自然教育发展理念，推动湖北省自然教育事业发展，完善并组建了湖北省林学会自然教育专业委员会，挂靠湖北生态工程职业技术学院，于 2021 年 6 月 16 日召开了成立大会，研讨发布了《关于推进湖北省自然教育工作的实施意见》，确保湖北省自然教育工作稳步推进。

2021 年，湖南省发布《关于推进自然教育高质量发展的指导意见》，指出要加强协作，共同抓好自然教育工作；集中资源，抓好试点示范，打造湖南特色自然教育品牌，整体推进自然教育工作体系；开展自然教育标准化体系建设工作，多措并举不断提升、发展湖南省自然教育工作。

陕西省印发了《关于加快推进陕西省自然教育高质量发展的指导意见》，谋划了“十四五”期间自然教育目标任务，将对省内高质量发展自然教育起到积极的推动作用。

浙江省宁波市在全国地级市中率先编制并发布实施《宁波市自然教育三年行动计划（2022—2024 年）》，以政策促进自然教育发展是推进自然教育全面发展不可或缺的一环。出台地方性的推动政策，意味着当地政府部门制定了推进自然教育工作的明确目标和执行方案，为当地自然教育工作的全面推进提供了明确的方向。

在未来 3~5 年，各省（自治区、直辖市）将进一步落实颁布的自然教育相关利好政策，政策将涉及更多相关部门参与，内容将更加聚焦且具有具体的指导意义。

三、以基地建设推动自然教育发展

自然教育基地是开展自然教育的重点场所和目的地，各地的自然教育基础设施建设也受到政府有关部门重点关注。2021 年，部分省（自治区、直辖市）开展自然教育基地评选、授牌并完善自然教育基地的设施建设，如步道、解说系统等，这些授牌和设施建设为公众接近自然、了解自然、参与自然教育活动提供了更加便利的条件。

广东省 2021 年新认定第三批广东省自然教育基地共 30 家。目前，广东省自然教育基地总数已经达到 80 家。同步起草的广东省地方标准《自然教育标识设置规范》，将于 2022 年正式发布，各自然教育基地的标识设计拟按照该标准执行。

河北省 2021 年完成《河北省自然教育基地建设标准》编制及首批河北省自然教育基地 9 家单位的评选授牌工作，并在河北省电视台等多家媒体滚动报道，推进全省自然教育基地标准化、规范化建设。

黑龙江省积极推进青少年自然教育绿色营地建设，并组织推荐国家级营地申报。2021 年，东北虎林园和九峰山养心谷两家单位获得了国家青少年自然教育绿色营地称号；同时，开展省级营地评定工作，全省有 37 家单位获得黑龙江省首批青少年自然教育绿色营地称号。

湖北省林学会成立自然教育专家咨询库。2021 年，为规范自然教育基地评审、验收工作，制定《湖北省自然教育基地评定办法（2021 年）（试行）》，开启“湖北省自然教育基地”评选工作，旨在进一步提高全省林业系统对自然教育工作的认识，做好自然教育统筹规划，加强自然保护地自然教育功能建设，建立面向公众开放的自然教育区域，提升自然教育服务能力，打造富有特色的自然教育品牌。

吉林省林学会自然教育分会于 2021 年 7 月启动了吉林省自然教育学校（基地）的申报和审定工作，根据《吉林省自然教育学校（基地）评定标准》对申报材料进行了审核，并完成部分基地的现场考察工作。

江西省 2021 年认定命名 6 家在自然教育资源、基础设施、专业人员队伍和自然教育实践等方面各有独到之处的单位为首批“江西省自然教育学校（基地）”，发挥自然教育学校（基地）的示范带动作用，提高江西省自然教育质量；推荐 16 家单位获中国林学会“第五批全国林草科普基地”称号。

青海省 2021 年新增新建自然教育示范学校 25 所，全省已建成 40 所生态学校（湿地学校），已成为全方位开展自然教育工作的基地。其中，西宁市七一路小学、西宁市第一中学等 7 所生态学校（湿地学校）被共青团青海省委授予“共青团绿色课堂实践学校”称号。

陕西省充分利用现有自然保护地、城市公园、科普场馆等设施形成自然教育场所，2021 年新建秦岭大熊猫研究中心等 8 个自然体验基地。目前，陕西省各类自然教育基地已达 48 处，实现了全省各地市自然体验基地全覆盖，全年接待中小学生 150 余万人次。

上海市研究制定了《上海市自然教育学校（基地）申报条件》。2021 年，开展第二批上海自然教育学校（基地）申报评选工作，充分发挥上海现有森林、草地、湿地以及生物多样性资源优势，建立以森林体验、绿地游赏、湿地观察和野生动植物保护等为基本内容的上海自然教育体系。建立多元化模式推进自然教育的工作机制，评选出东方绿舟等 10 家单位成为上海第二批自然教育学校（基地），并于“上海市林学会成立 40 周年暨学术大会”上对 10 家入选的“上海第二批自然教育学校（基地）”进行授牌。目前，上海自然教育总校授牌 20 家自然教育学校（基地）。

四川省不断强化自然教育基地示范建设，积极开展示范基地评选，将大熊猫国家公园卧龙、王朗、蜂桶寨片区等 5 处纳入国家林业和草原局、科技部国家林草科普基地候选名单。2021 年，评定了省级自然教育基地 34 处，并与四川省教育厅等部门联合评定 45 处省级研学基地。

浙江省林学会 2021 年公布第三批浙江省自然教育学校（基地）名单共 40 个，其中，公共场所类 13 个、科技场馆类 2 个、教育科研类 10 个、生产设施类 15 个，涉及自然保护地、林场、科研院校、企业农庄以及动植物园等。截至目前，全省共认定省级自然教育学校（基地）71个，推荐入选全国自然教育学校（基地）22个。其中，宁波市表现突出，先后成立宁波市林业园艺学会自然教育分会和宁波市自然教育总校，制定了《宁波市自然教育学校（基地）认定办法》等相关制度，组织开展第一批市级自然教育学校（基地）认定工作，共评定宁波植物园等8家单位为首批市级自然教育学校、天童国家野外站等7家单位为首批市级自然教育基地；建立了宁波市自然教育师资培训基地和宁波昆虫生态观测站。

贵州省积极推进自然教育基地建设。贵州省林学会、省林业产业联合会、省野生动植物保护协会于2021年12月授予贵州省扎佐国有林场等10家单位为第一批省级自然教育基地。其中，长坡岭国有林场建设贵阳市森林体验教育中心，年内将投资136万元完成300多平方米展示厅的设计和建设。

自然教育基地建设是推进自然教育全面发展的重要内容。2021年，多省积极开展自然教育基地建设，彰显了自然教育基础设施建设在生态文明发展过程中的重要价值。

四、以人才培养助力自然教育可持续发展

人才队伍是各地自然教育发展的基石。为缓解自然教育行业专业人才短缺问题，加快自然教育行业人才队伍建设，中国林学会以“培养专业的自然教育从业人员，促进我国自然教育行业发展”为目标，启动了“自然教育师”线上线下培训工作。截至2021年年底，自然教育线上注册人数5000人，线上培训考核通过2030人。2021年，各地除了配合开展全国性的自然教育培训活动外，针对地方的自然教育人才培养也展开了多元的探索，多地出台了具有地方特色的人才培养体系，如自然教育安全员培训、志愿者培训、“千人计划”培训、讲师团培训等，不断扩充当地自然教育师资队伍和志愿者队伍。

黑龙江省2021年围绕“关注森林·走进自然”主题，开展了相关培训。组织了“全国三亿青少年进森林研学教育导师”及安全员培训，以及省内自然教育导师和安全员线上培训。学员通过线上学习，线上考试，成绩合格的颁发省级自然教育导师（初级）和安全员（初级）证书。同时，还开展了自然教育首届志愿者培训活动，广泛吸纳自然教育志愿者。

湖北省组织首届“自然教育师”培训活动。省内自然教育基地建设单位相关人员、从事中小学自然科学课程教学的教育工作者和从事文旅、研学旅行、营地教育等相关行业的人员以及志愿从事自然教育事业的人员报名参加了此次培训。培训包括线上培训和线下培训两部分，培训课程丰富多彩，实操性强，获得学员好评，为湖北省自然教育专业人才储

备打下了基础。

上海市面向全市公园、绿地、湿地等开展自然培训师、自然教育师的信息收集整理工作。信息收集范围包括“园艺大讲堂”的讲师、各类型公园中从事动植物工作的在职员工，以及投身于自然科普工作的科研志愿者、教师等。共收到14个区4个直属公园、8个郊野公园、湿地及社会团体等上报至储备库的自然培训师、自然教育师名单总计143人。

四川省启动自然教育“千人计划”培训，联合大专院校、林学会、自然教育机构等单位，完成5批次200余人自然教育导师和师资培训，并完成“千人计划”首期实践报告会，评选最受欢迎自然教育导师20名。联合共青团四川省委员会、省关心下一代工作委员会举办并遴选首批“绿色小卫士・熊猫少年”303名。

浙江省组建了“乡土专家讲师团”“行业大咖讲师团”“团委青年志愿者讲师团”“985高校联盟华农讲师团”四大自然教育师资队伍和志愿者队伍。

贵州省在都江堰四季・水泉自然中心、天水森林体验教育中心、富锦国家湿地公园和贵阳长坡岭国有林场举办了4期自然教育培训。

人才培养是自然教育可持续发展的未来方向。通过大专院校、林业部门、自然教育机构等各方的人才聚集和成长，培养一批有专业素养、有从业热情、有教学技能、有尊重自然价值观的自然教育从业者，有助于为自然教育长期的专业人才储备打下基础。

总体来看，2021年，全国各地区开展了丰富的自然教育大型和常规活动，出台了多元、全面的自然教育政策，将时间、精力和资金充分投入自然教育基地建设，逐步完善了各地的人才培养体系，扩充了自然教育人才储备。

第二章 自然教育从事主体

第一节　自然教育从业者

一、研究方法

调查问卷的从业者部分由自然教育的从业者填写，每位从业者填写一份，调查问卷的机构部分由每个机构（或自然教育相关板块）负责人线上答题填写，每个机构填写一份，确保问卷结果的代表性。问卷发放时间为 2022 年 3 月 28 日至 5 月 5 日，从业者部分共回收问卷 988 份，有效问卷 750 份，有效率为 75.91%；机构部分共回收问卷 372 份，有效问卷 328 份，有效率为 88.17%。作为问卷的补充，研究团队针对不同的自然教育相关方代表 5 人进行了深度访谈，每次访谈的时间为 45~60 分钟。

本调研中所指的自然教育的定义是“在自然中实践的、倡导人与自然和谐关系的教育。它是有专门引导和设计的教育课程或活动，如保护地和公园自然解说 / 导览，自然笔记、自然观察、自然艺术等”。本调研的对象包括在自然教育机构的从业人员，即全 / 兼职、志愿者、实习生等；自然教育服务提供商，即机构有与自然教育相关的部门或中心，而且该部门由全职的员工运营，如场地提供、教材出版等；在自然教育机构工作过但已经离开这个行业的；还包括自然教育自由职业者或正在寻找自然教育工作的伙伴。

二、调研对象的基本情况（*n*=750）

1. 调查对象的地理分布

参与调研的从业者共 750 人，来自全国 32 个省（自治区、直辖市、特别行政区），其中，广东占比最高，为 184 人，占比达到 24.53%；其次是四川，为 52 人，占比为 6.93%；再者是北京为 50 人，占比 6.67%。参与调研的从业者主要的分布区域和目前广东、四川、北京等自然教育发展较为活跃的区域分布相契合，目前从业者调研缺值为宁夏、香港（图 2-1）。

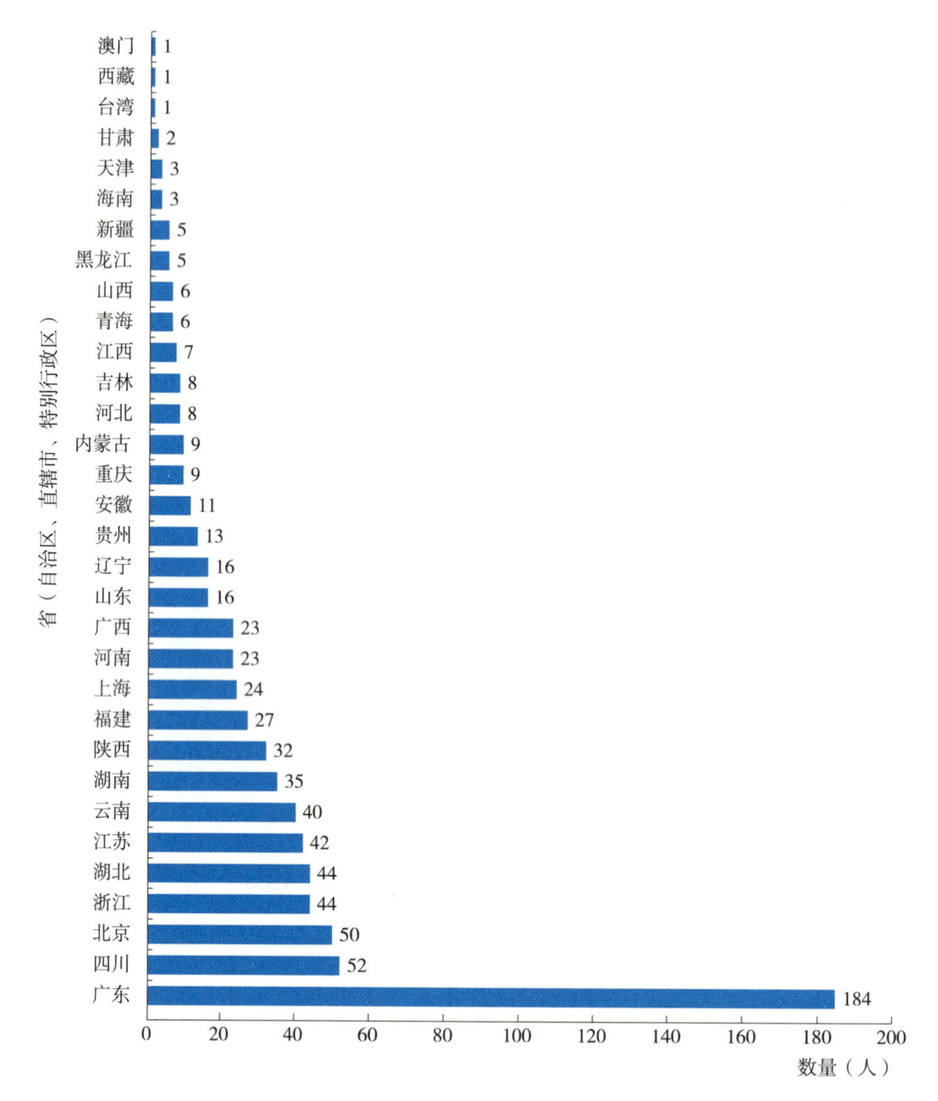

图 2-1　参与调研的从业者所在地分布

2. 从业者的教育背景及人口统计

调查结果显示，参与调研的自然教育从业者的年龄分布主要集中在 40 岁以下，占比 77.06%，属于青壮年时期，与往年调研结果类似（图 2-2）；在性别比例方面，参与调研的从业者性别比大致为 7 ∶ 3，女性从业者多于男性，相比往年男女性别比的差距略有加大

（图 2-3）；在学历方面，84.93% 的参与调研的从业者拥有本科及以上的学历，高中及以下的学历占比极少，仅为 2.13%，与往年调研结果类似（图 2-4）；在专业学科方面，参与调研的从业者主要集中在管理学（15.60%），教育学（12.53%），农学（12.00%），设计、艺术（11.73%），其他学科还包括理工科、医学、风景园林、法律、金融、新闻传播等，总体呈现多元化的学科背景（图 2-5）。

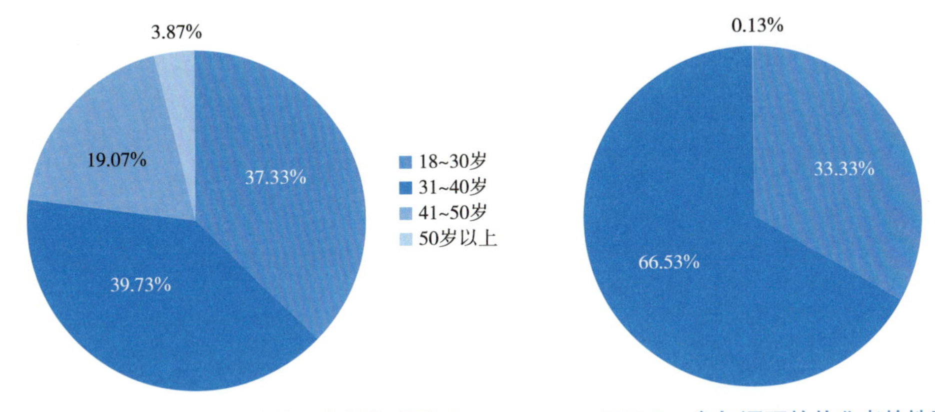

图 2-2 参与调研的从业者的年龄分布

图 2-3 参与调研的从业者的性别分布

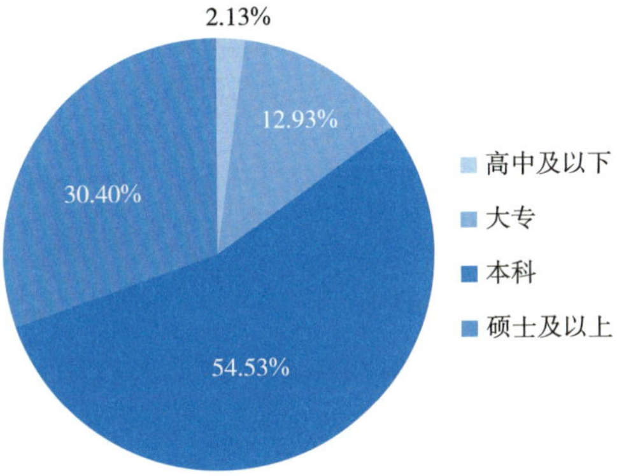

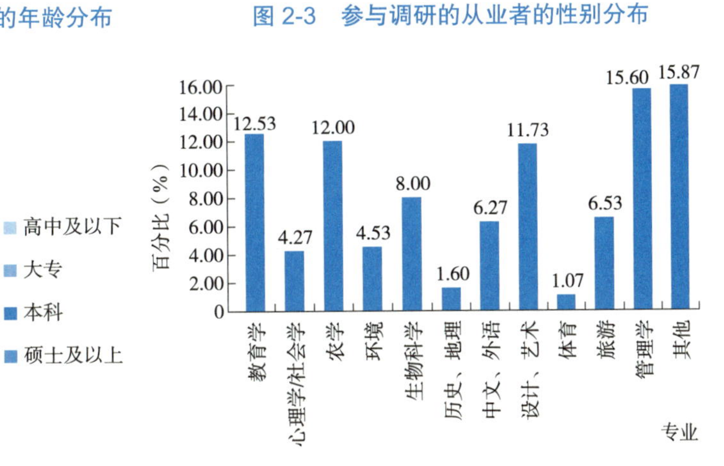

图 2-4 参与调研的从业者的学历分布

图 2-5 参与调研的从业者的专业分布

总体而言，参与调研的自然教育从业者的年龄、学历构成与往年相似，在性别比例方面女性占比略有增加，学科的多元化方面发展更加明显。自然教育吸引着更多优秀、年轻、多元的力量参与到这个领域中。

3. 职业情况

参与调研的自然教育从业者中，56.93% 为自然教育机构的从业人员，还有 22.40% 参与调研的自然教育从业者为自由职业者或正在寻找自然教育工作的人员（图 2-6）。在工作类型方面，60.63% 为全职工作人员，兼职、志愿者 / 实习生占比共为 39.37%（图 2-7）。

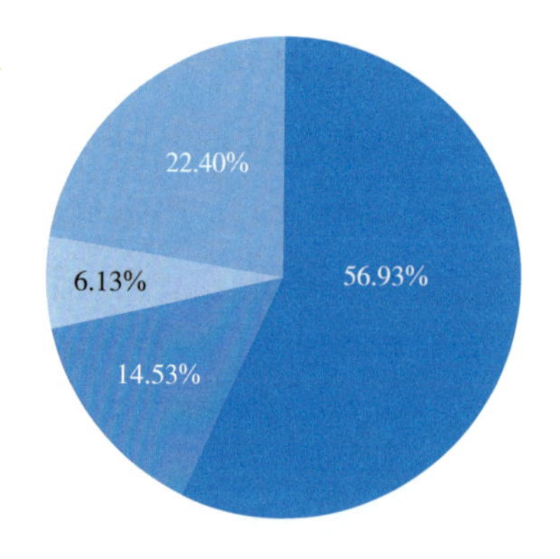

图 2-6 调研对象的职业身份

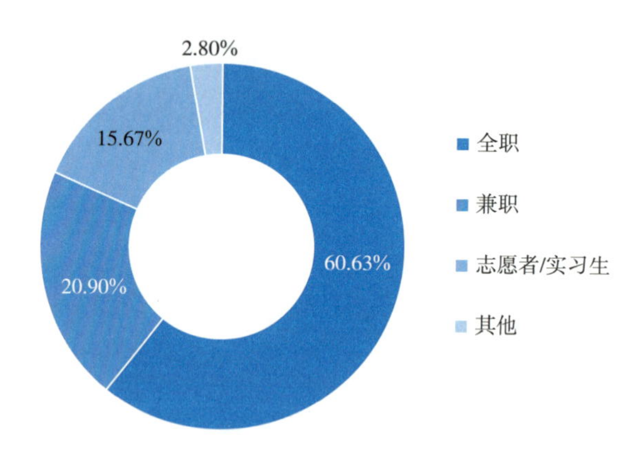

图 2-7 调研对象的工作类型

在从业年限方面，有 65.87% 的参与调研的自然教育从业者从业年限在 3 年以内，其中，23.33% 的受访者自然教育从业经验不足 6 个月，其中超过 10 年自然教育从业经验的受访者占比不足 5%（图 2-8）。从历年调研数据来看，从业年限在 1~3 年的参与调研的自然教育从业者占据行业主体；3 年以上的从业者的比例相对稳定；新进入行业不足半年的占比增加，较往年增长了 6%~10%，而 1~3 年的从业者占比减少了 5%~14%。可以看出，越来越多的人关注到自然教育并且愿意投身该行业。而从业 1~3 年的从业者流失率较大，如何留住人才是行业面临的重大问题。

调查结果显示，在工作岗位方面，52.80% 的参与调研的自然教育从业者为项目负责人或机构负责人，另外还有 6.13% 参与调研的从业者为学生、志愿者、专家、教师等（图 2-9）。参与调研的从业者的薪酬范围主要集中在 3000~8000 元，占比为 40.67%；薪酬在 10000 元以上的仅占比 14.00%；还有 22.67% 参与调研的自然教育从业者提供志愿 / 义务服务，不领取薪水（图 2-10）。

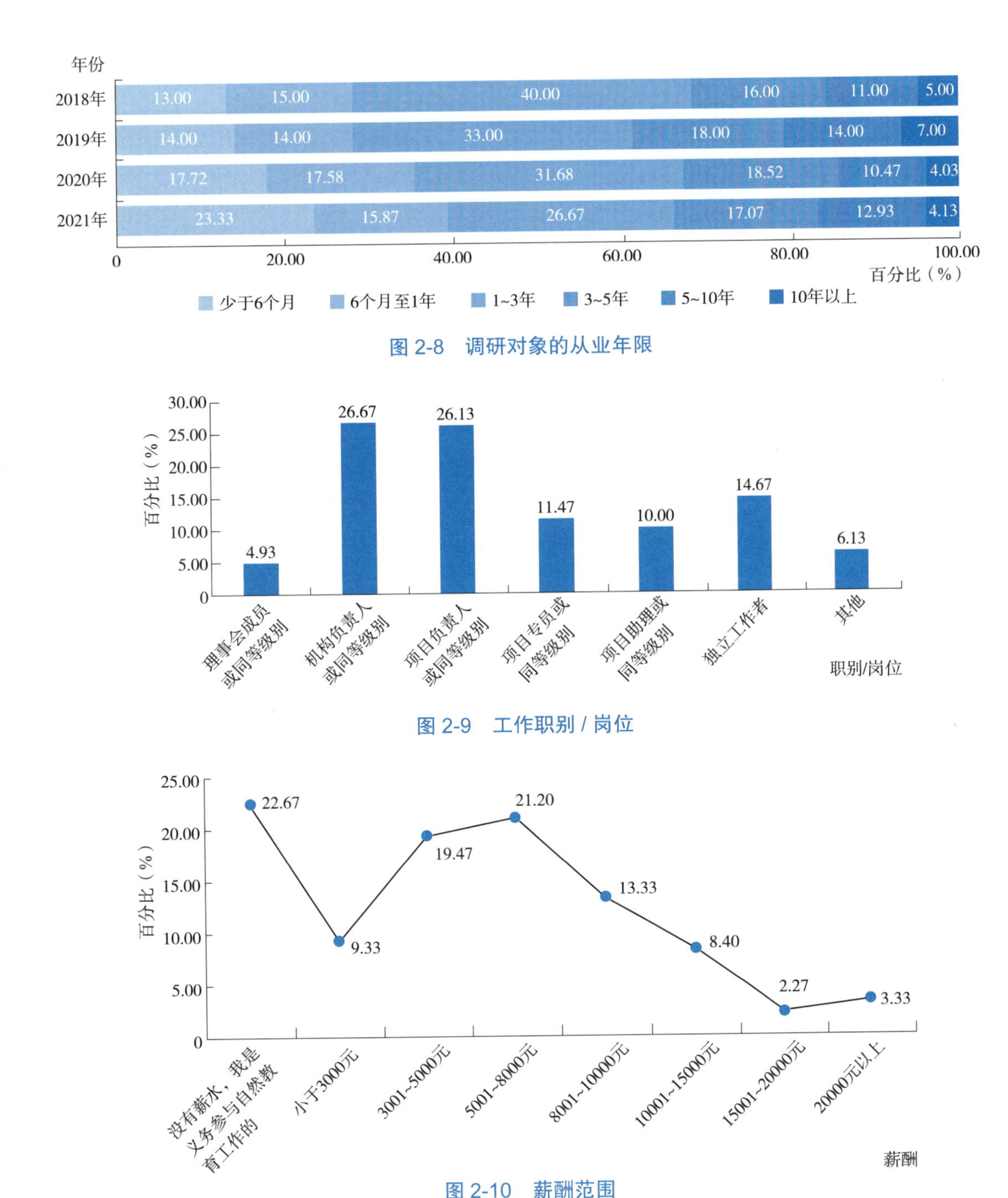

图 2-8　调研对象的从业年限

图 2-9　工作职别 / 岗位

图 2-10　薪酬范围

而从从业年限看，从业少于 6 个月的参与调研的自然教育从业者主要以提供志愿服务为主（42.86%），从业 6 个月至 1 年的从业者的薪酬在 3000~5000 元的占比较多（27.73%），从业 6 个月到 3 年的从业者薪酬范围以 5001~8000 元的占比较多，从业 5~10 年的薪酬以 8001~10000 元的占比较多（31.96%），10 年以上的有 25.81% 的薪酬在 10001~15000 元（图 2-11）。

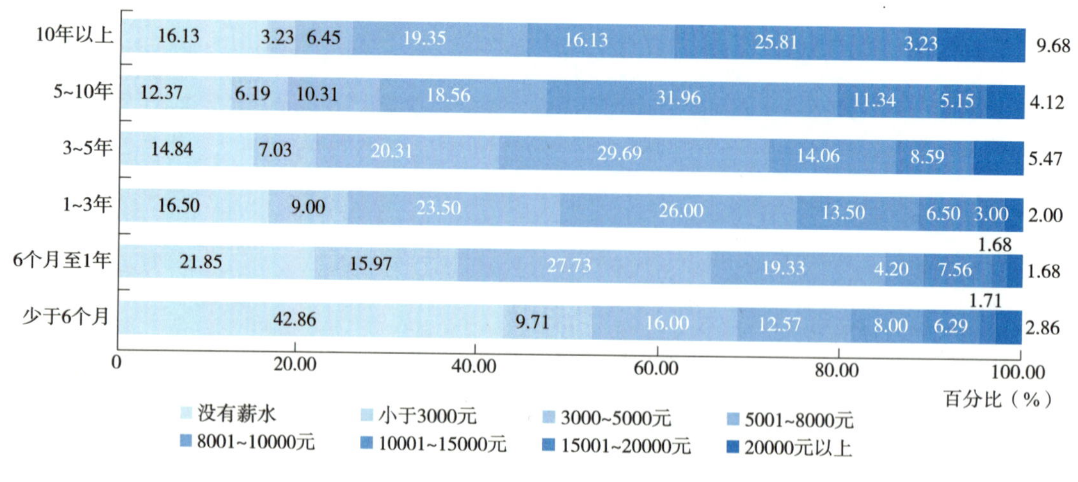

图 2-11　从业年限与薪酬范围

从岗位职位看，参与调研的独立工作者以提供志愿服务占比较多，项目助理或同等级别的从业者除了提供志愿服务的占比较多外，薪酬范围占比较多的是 3001~5000 元区间，随着职位的提升，更高的薪酬范围的占比也有所提升，项目专员及以上级别的薪酬范围占比较多的依然是 5001~8000 元（图 2-12）。在基础薪酬得到保障的同时，如何根据岗位的不同提供有吸引力的薪酬，是能够留住人才的关键，这一定程度上也呼应了入职 1~3 年阶段的人才流失率较高的现状。

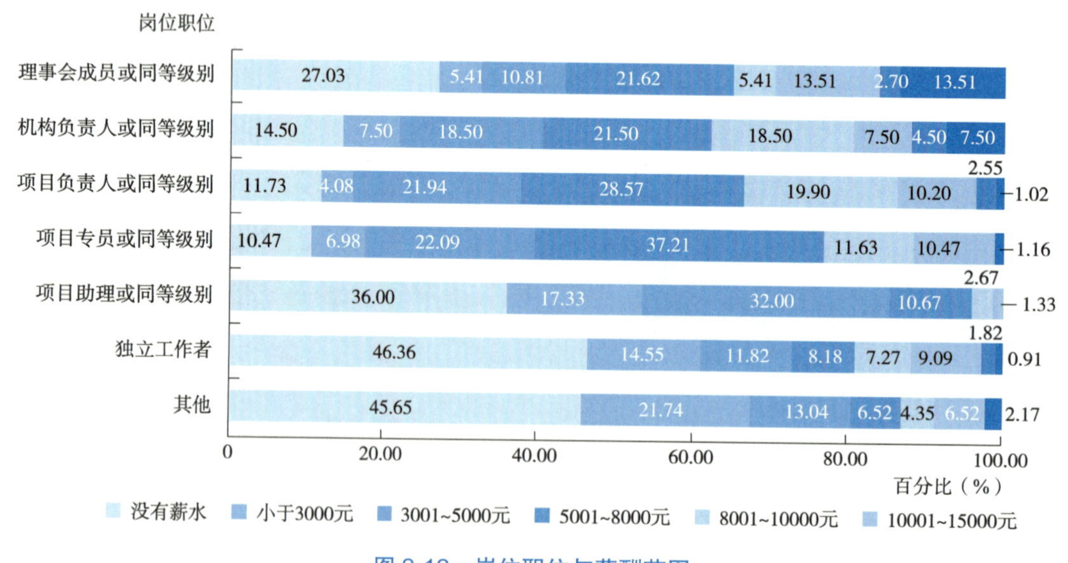

图 2-12　岗位职位与薪酬范围

三、对自然教育的认识理解

在自然教育项目实现的主要目标的调研中，参与调研的自然教育从业者选择的目标第一位为进一步认识和感知自然（7.08 分，最高为 11 分）；第二位为加强人与自然的联系，建立对大自然的热爱（5.77 分）；第三位为学习与自然相关的科学知识（5.28 分）。在参与调研的自然教育从业者对于开展的自然教育活动直接实现的目标的认知方面，目前聚焦在人与自然的态度情感层面，对于目前自然教育能够实现由感知引发自然保护行动，以及自然教育为了人的健康的目标的认知并不乐观（图 2-13）。

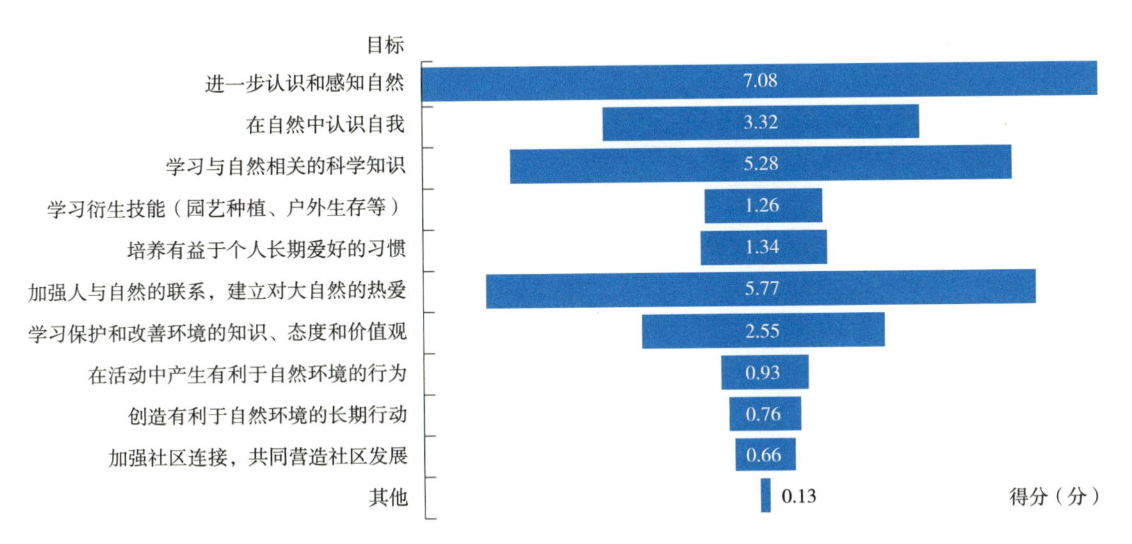

图 2-13　通过自然教育课程 / 活动直接使参与者实现的目标

在所在机构目前正面临的挑战认知方面，参与调研的自然教育从业者较为认同的是机构很难盈利或盈利少（5.47 分，最高 9 分），其次是缺乏人才（5.02 分），场地不足、公众兴趣不足、社会认可不足等方面的挑战相对较少，这与历年调研结果相仿（图 2-14）。

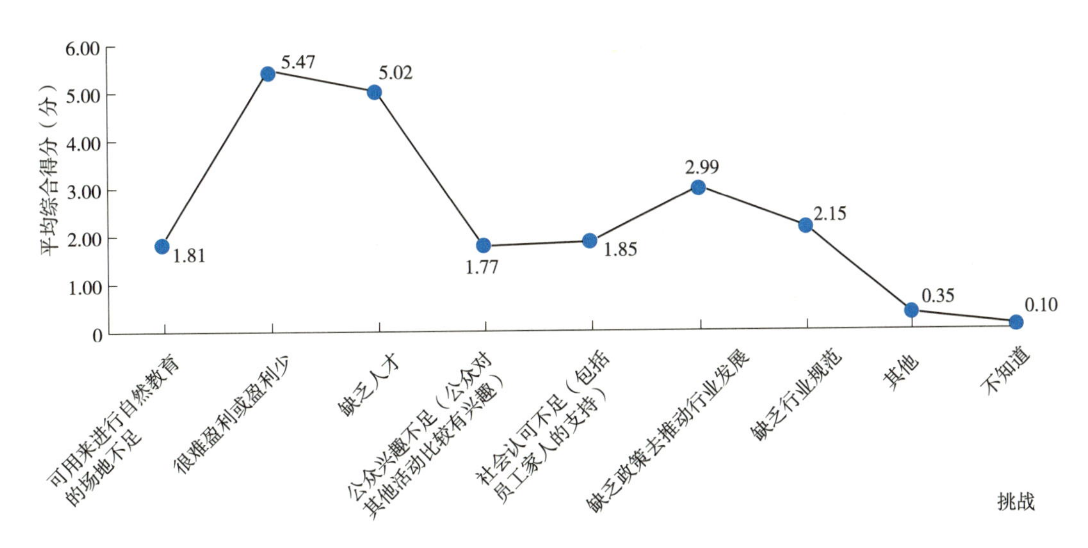

图 2-14　机构目前正面临的挑战

四、从业动机与满意度

调查结果显示，无论工作类型和工作层级，热爱自然、喜欢从事教育和与孩子互动的工作、符合个人能力均是参与调研的从业者的主要动机，与往年调研结果类似。需要指出的是，从业动机中薪酬及福利好的占比仅为 4.40%，位居倒数第二，仅高于朋友家人推荐，这不代表薪酬和福利对从业者吸引有限，更可能是其在问卷作答之初就意识到行业本身的薪酬和福利不高的现况而降低了预期（图 2-15）。

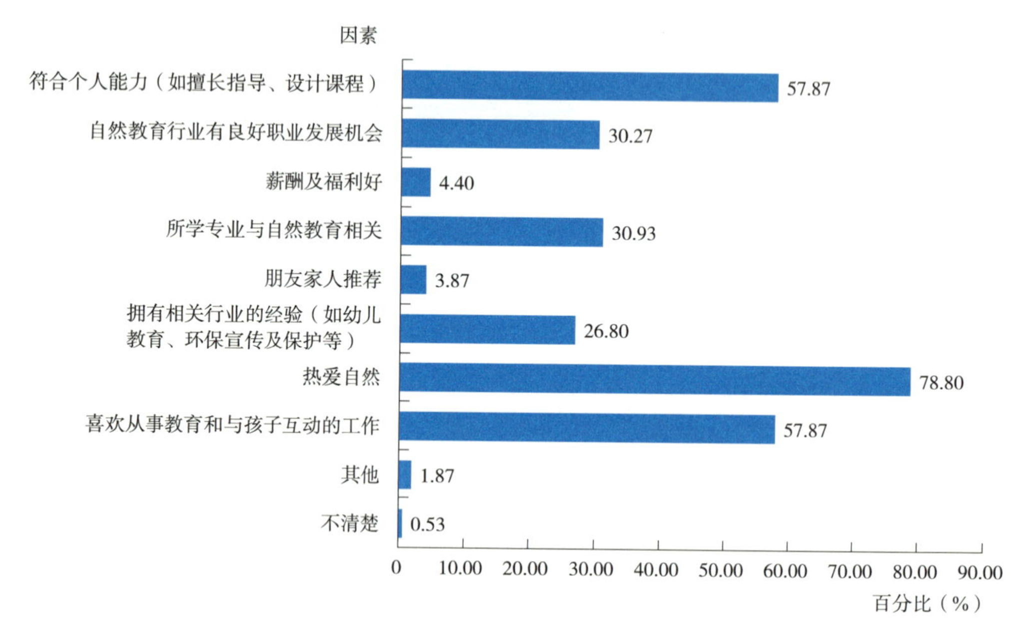

图 2-15 推动从事自然教育行业的因素

在工作整体满意度方面，参与调研的自然教育从业者对工作的整体满意度为一般（46.80%）及比较满意（40.53%）。整体满意度情况和 2019 年有较高的相似度；相比 2020 年，非常满意的比例下降了 16.13%，一般的比例提升了 12.71%（图 2-16）。2020 年工作满意度提升不排除是因为 2019 年疫情突发阶段，机构虽然遇到巨大挑战，但天灾面前大家抱团取暖及相互扶持的情感因素维持；而随着疫情常态化，机构和个人都需要面临实际的生存经济压力，情感因素维持的高满意度逐渐回落，这一定程度上可以解释今年受调研的从业者在工作整体满意度中“非常满意”下降至与 2019 年相似的比例。

在工作具体的满意度因素方面，自然教育工作能够匹配个人兴趣、匹配个人能力专长与创造社会价值给从业者带来的满意度较高，而薪酬福利待遇、职业发展机会及日常评估和整体绩效管理的满意度较低，这也是行业发展尚不成熟的表现（图 2-17）。如果机构能够具备良好规范的管理体系，提供有吸引力的薪酬待遇，创造系统的职业生涯路径等，在行业本身具有较高满意度的基础上，自然教育行业吸引人、留住人、发展人的效果将更加明显，自然教育真正能够成为公众认可、从业者愿意加入的行业。

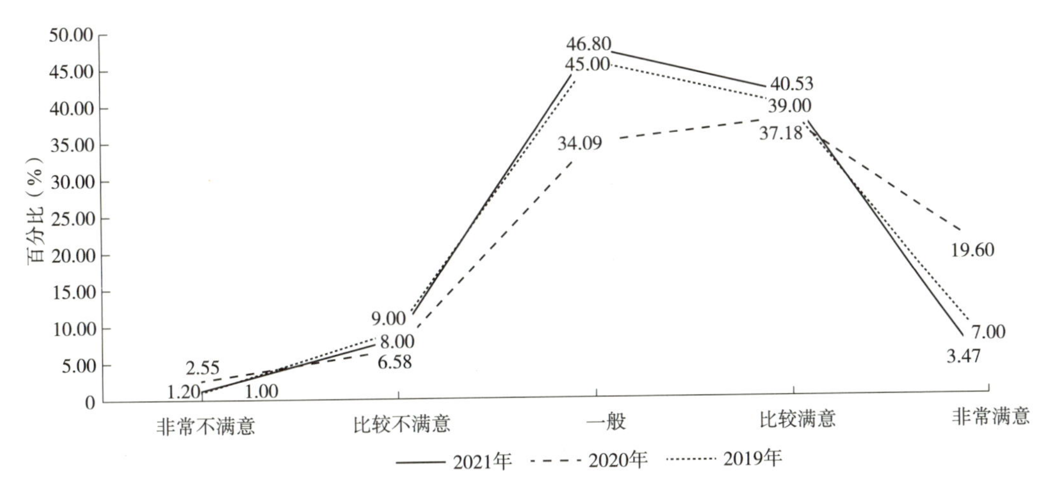

图 2-16　工作整体满意度

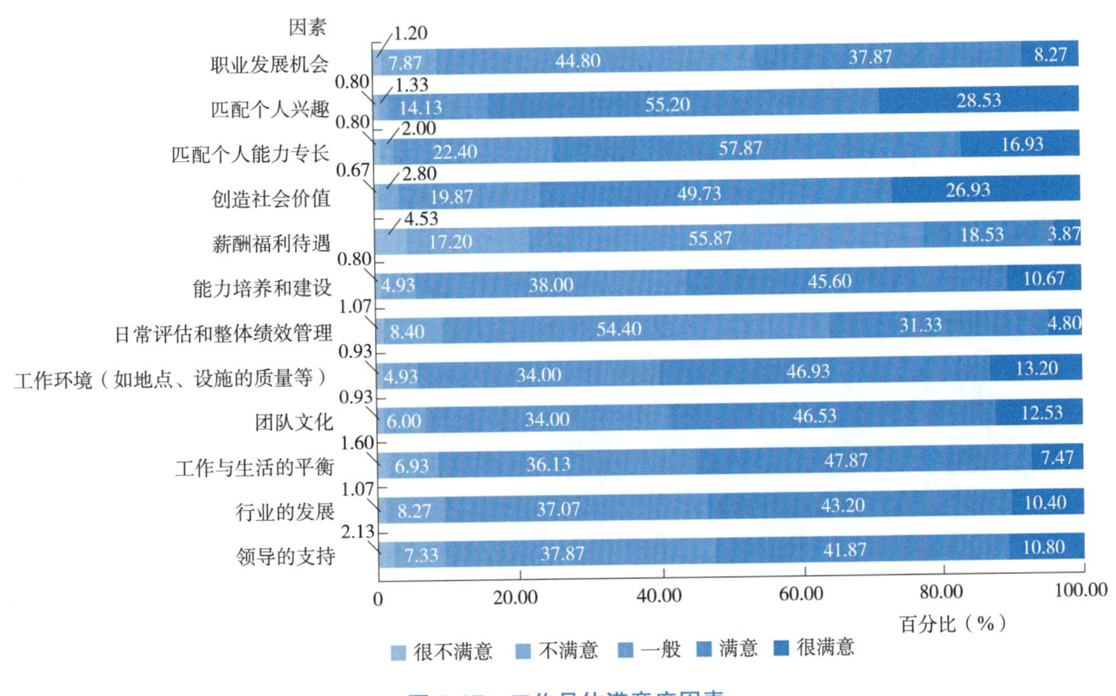

图 2-17　工作具体满意度因素

五、自然教育的经验能力

在经验能力方面，调研中列举的各项能力备受调研的自然教育从业者广泛认可，每个选项的选择占比都达到 70% 以上，其中，表现最为突出的为自然教育基础概念，

90.27% 的受访者认为其为从业者需要具备的能力。除此之外，受访者还提及沟通交流、理念传播的感染力、生态中心主义的价值观也是从业者需要具备的重要能力（图 2-18）。

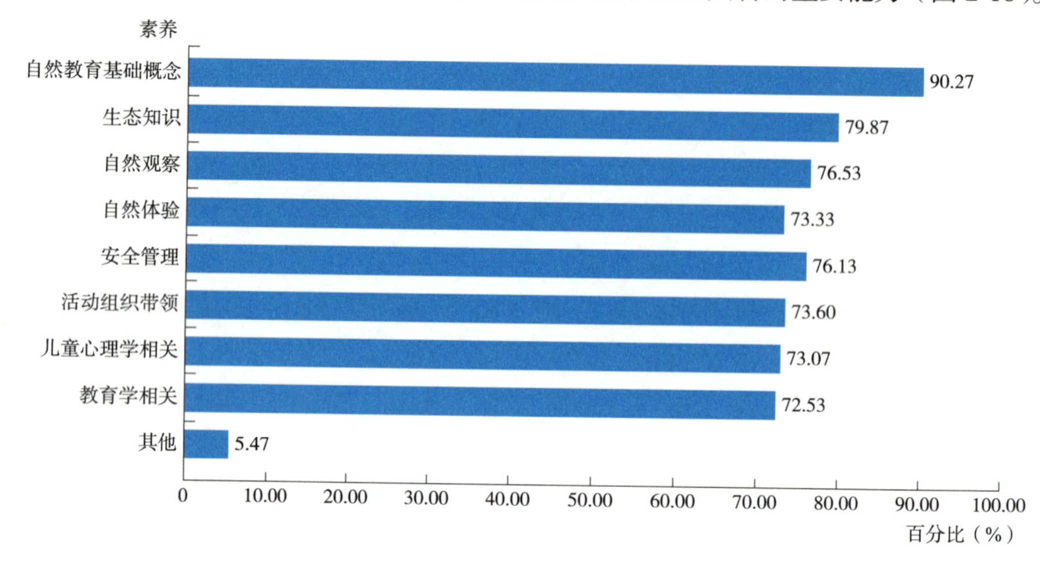

图 2-18 从业者需要具备的素养

从业者擅长方向与目前正在从事的内容的调研结果显示，两者的匹配度较高，这也呼应了从业者对于自然教育匹配个人兴趣及个人能力专长的满意度较高，其中，自然体验的引导、课程和活动设计、自然科普 / 讲解是参与调研的从业者中占比较大的方向，财务和机构的管理、安全和健康管理、风险管理和应对等重要方向的从业者占比较少，需要给予更多的重视（图 2-19）。

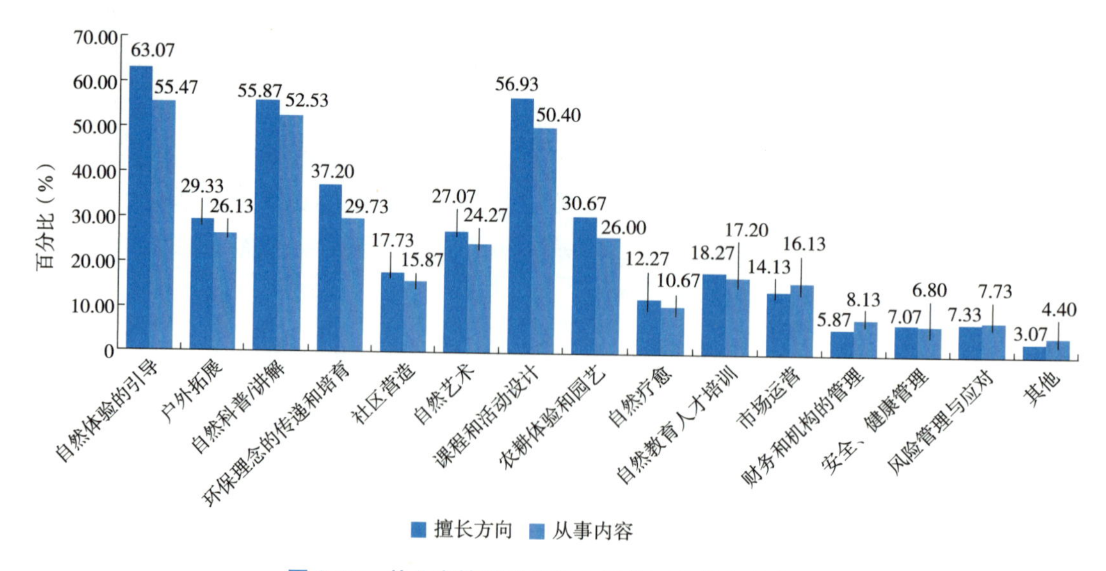

图 2-19 从业者擅长的方向与目前正在从事的内容

六、自然教育职业规划

在自然教育工作机会来源方面，一半以上的受访者是通过参加自然教育机构举办的培训和活动第一次接触到自然教育的，有 28.93% 的从业者是通过朋友介绍开始接触到自然教育，26.40% 的从业者通过自然教育机构网站开始接触到自然教育，仅有 4.27% 的从业者最初接触自然教育是通过求职网站。除此之外，还有从业者通过自然缺失症、学校的课题组、以往工作中客户、大学生绿色营、环保开放日等接触到自然教育（图 2-20）。

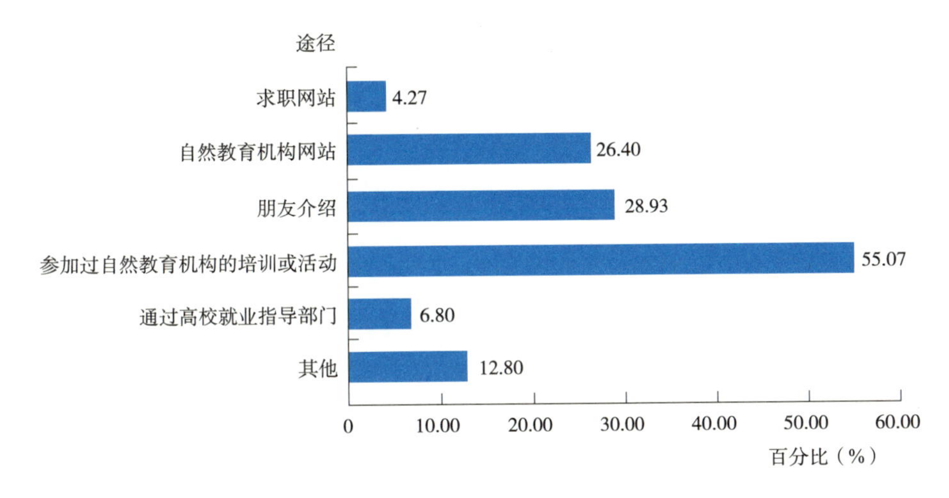

图 2-20 第一次接触自然教育的途径

参与调研的自然教育从业者中，88.66% 有可能 / 极有可能把自然教育作为长期职业选择（图 2-21）。22.40% 在未来 1~3 年会选择保持现状、23.07% 计划在与自然教育相关的专业念书深造，23.73% 计划创办自己的自然教育机构，也有 6.27% 选择离开自然教育领域，还有 7.20% 的从业者处于迷茫状态（图 2-22）。

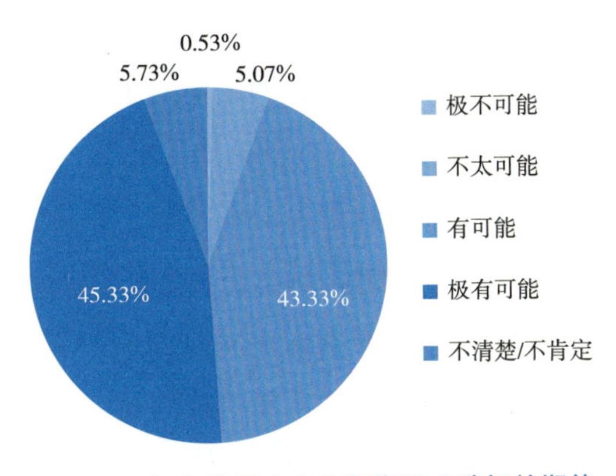

图 2-21 把自然教育作为长期职业选择的期待

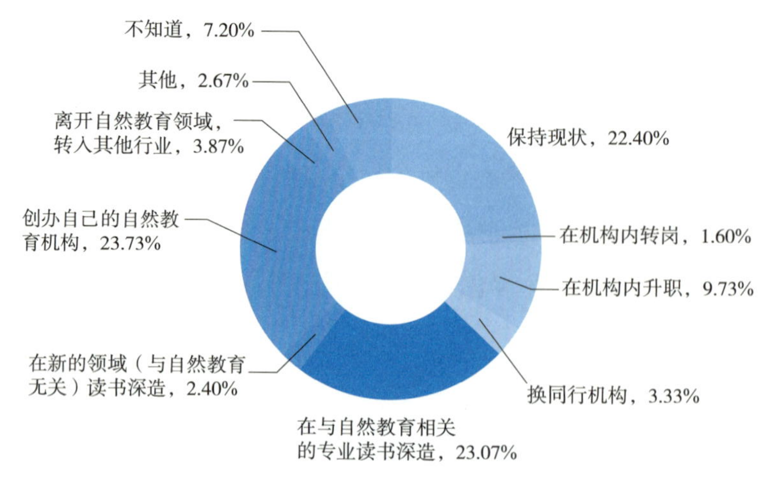

图 2-22 未来 1~3 年的工作计划

第二节 自然教育机构

一、研究方法

本调研中所指的自然教育的定义是"在自然中实践的、倡导人与自然和谐关系的教育。它是有专门引导和设计的教育课程或活动，如保护地和公园自然解说 / 导览，自然笔记、自然观察、自然艺术等"。本调研的对象是指在业务板块中持续提供以上课程或活动的机构，如事业单位、政府部门及其直属机构、注册公司或商业团体、民办非企业、基金会、社会团体等。

针对从事自然教育机构的调查分析旨在全面了解包括社会团体、基金会、民办非企业、企业、自然保护地等在内的自然教育机构的基本情况，包括运营管理、业务开展、财务情况，以及政策对自然教育机构的影响及应对策略。此次问卷调查主要通过定量问卷进行，在 2020 年的调查问卷基础上进行修订补充，确定《中国自然教育发展调研 2021——自然教育从业者及机构的调研问卷》的最终版本，通过电子邮件、短信和微信公众号等方式，面向过去 8 年参加过全国自然教育相关活动的自然教育机构负责人、自然教育项目负责人、自然教育从业者定向发送，同时邀请华东、华南、华北、华中、东北、西南、西北 7 个区域有关伙伴参与调研，并广泛推荐。除此之外，通过设置奖品福利等诸多吸引用户填写的方式，以扩大样本辐射范围，尽可能覆盖自然教育行业的相关人群。

二、调研对象的基本情况（*n*=328）

1. 地理分布

参与调研的自然教育机构共328家，来自全国30个省份，其中来自广东的机构占比最高（58家，17.68%），其次为来自江苏的机构（24家，7.32%）、再者为来自四川的机构（23家，7.01%），其他参与调研的自然教育机构分布的省份较为均衡，目前缺值的为宁夏、香港、澳门、台湾的机构（图2-23）。

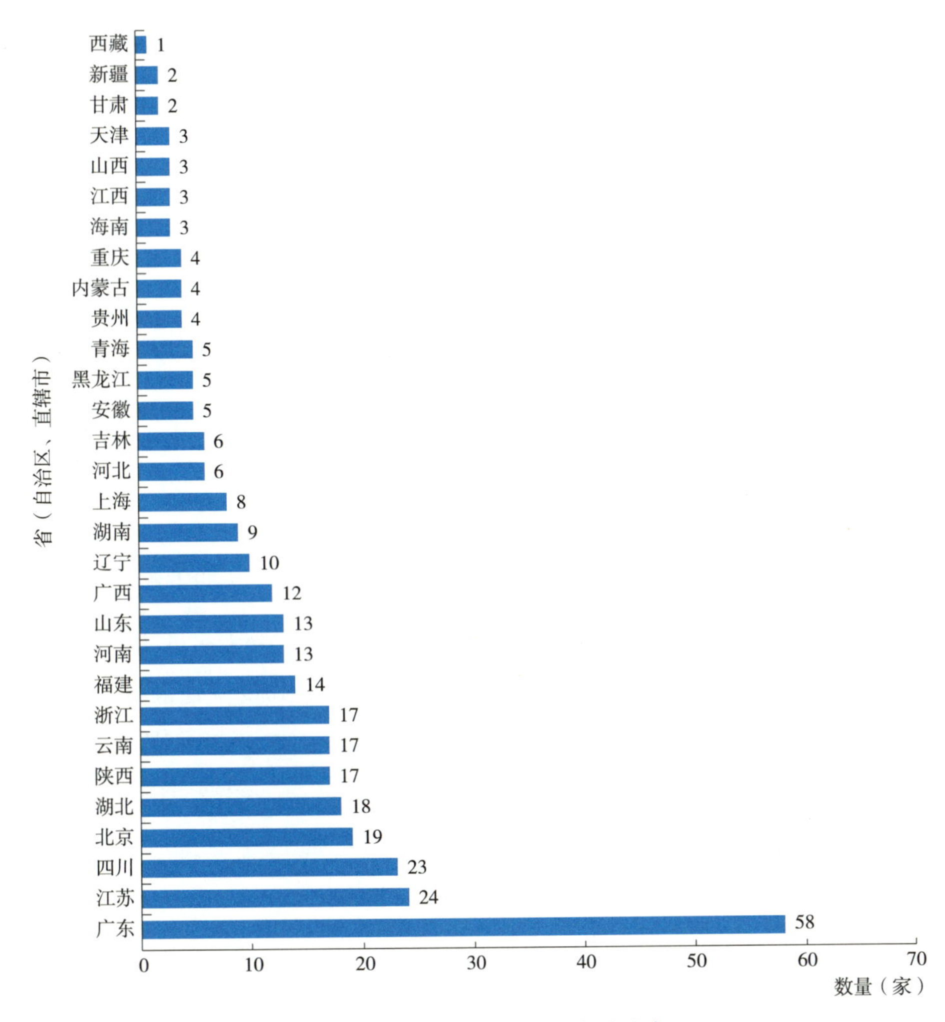

图2-23 参与调研机构所在地分布

2. 性质与类型

调研结果显示，参与调研的自然教育机构的注册性质主要是以公司或商业团体为主，占比54.88%；其次是事业单位、政府部门及其直属机构（4.57%），再次是民办非企业

（草根 NGO，10.98%）（图 2-24）。需要指出的是：注册公司或商业团队连续 5 年的调研中均为受调研的自然教育机构中主要的类型，占比稳定在 40%~60%；2021 年参与调研的自然教育机构注册性质的结构变化为事业单位、政府部门及其他附属机构占比的增加，从历年的 8% 增长为 21.95%，占比增长率达到 174%，这与 2020 年以来政府重视自然教育的发展，众多事业单位、政府部门及其直属机构纷纷开展自然教育相关工作，并保持良好的民间开放交流不无关系；参与调研的基金会占比仅为 0.61%，自然教育作为民间教育公益属性强烈的领域，关注的力量主要以民办非企业（草根 NGO）为主，关注及参与支持的基金会占比低，吸引公益资源投入方面非常欠缺。

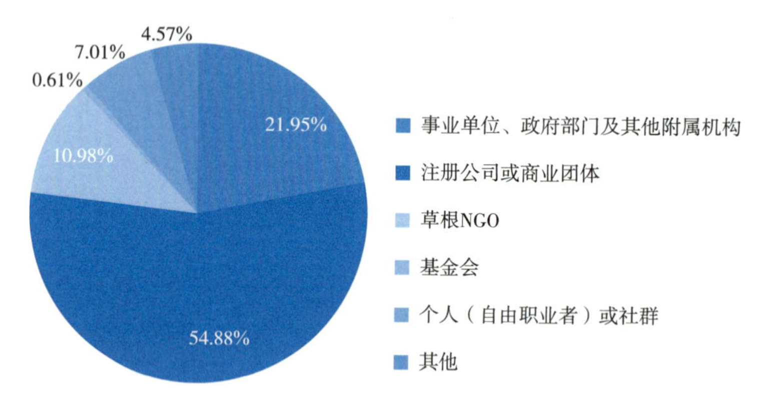

图 2-24　自然教育机构的性质

图 2-25 呈现出参与调研的自然教育机构的类型分布情况，从调查数据看，超过一半参与调研的自然教育机构为广泛意义上的自然教育中心（34.15%）及自然学校（32.32%），即公园、风景名胜区、保护区等机构下设立的自然教育中心和以“扎根本土、回归生活”为主要运营理念的、开展自然体验活动的主体。除此之外，有 21.95% 的参与调研的机构选择了其他，主要为商业运营的研学、户外拓展、艺术教育、旅游、活动策划、规划设计、文化传播公司等。

3. 成立年限

参与调研的自然教育机构中，最早成立于 1929 年，自然教育机构的数量在 2014 年开始呈现跳跃式发展，与 2013 年相比涨幅达 300%，2014 年及之后成立的自然教育机构的数量占比超过七成，清晰地呈现自然教育从萌芽期进入蓬勃发展期的新阶段（图 2-26）。2014 年之后受调研的新机构一直不断涌现，而近 5 年新成立的受调研机构占目前所有受调研机构数量的一半（51.00%），自然教育行业近 5 年吸引新的机构持续加入的趋势依旧持续。

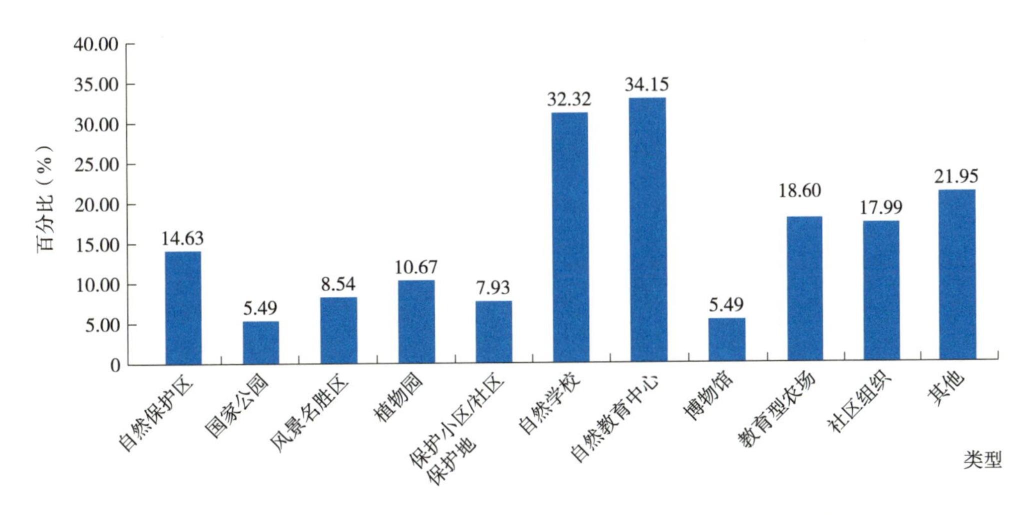

图 2-25 自然教育机构的类型

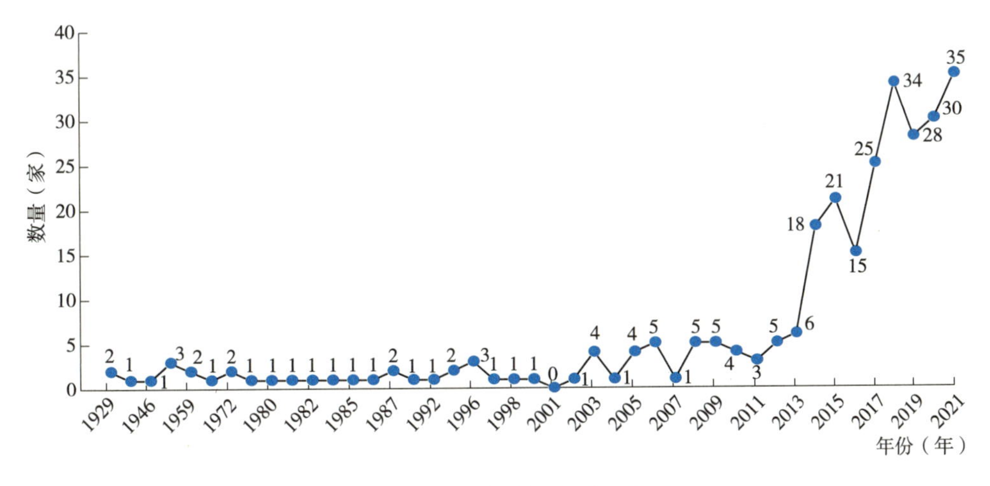

图 2-26 自然教育机构成立年份

4. 业务内容与范围

在调研中发现，参与调研的自然教育机构在业务内容上依然以自然教育活动为核心，聚焦提供系列自然教育课程 / 活动（64.63%）、自创教材（59.45%）、外聘为生态、教育、户外等领域的专家（58.54%）等工作，自然教育机构把握课程内容的核心，在专家师资方面以共享资源为主。核心客户群体的运营、推动区域发展、市场调研等工作开展较少，参与调研的机构依然处于维持个体存续的生存期（图 2-27）。

在业务范围方面，超过六成的参与调研的自然教育机构在本市 / 本地区开展业务（64.94%），因为疫情影响延续，在世界多个国家开展业务的自然教育机构从历年的 9.1%，到 2020 年的 2.2%，再到 2021 年的不足 1%；全国业务从历年的 25%，到 2020 年的 14.7%，再到2021年的12.50%；本省业务从历年的14.1%，到2020年的19.4%，再到2021年进一步聚焦，比例下降到15.24%，目前自然教育机构的业务范围在不断聚焦下沉到市一级开展自然教育活动，注重本市/本地区的市场深耕（图2-28）。

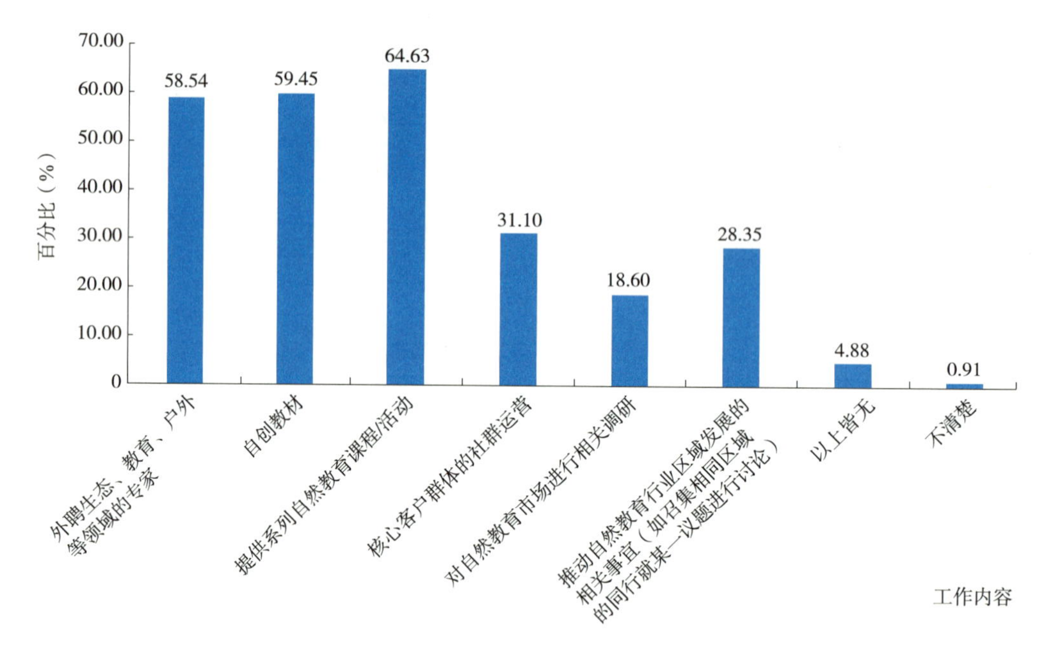

图2-27 自然教育机构开展的工作内容

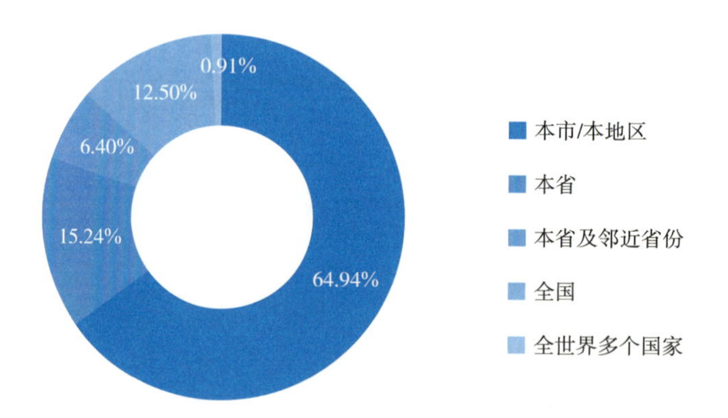

图2-28 自然教育机构的业务范围

三、调研对象的业务情况

1. 自然教育活动的服务对象与内容

在自然教育活动的服务对象方面，调研结果显示，参与调研的自然教育机构兼顾为公众个体和团体类型的客户提供服务，其中，为公众个体提供服务的自然教育机构略高，占比 71.95%，为团体类型［包括政府（含保护区）、公司企业、同行、学校等］提供服务的自然教育机构占比 67.38%（图 2-29）。

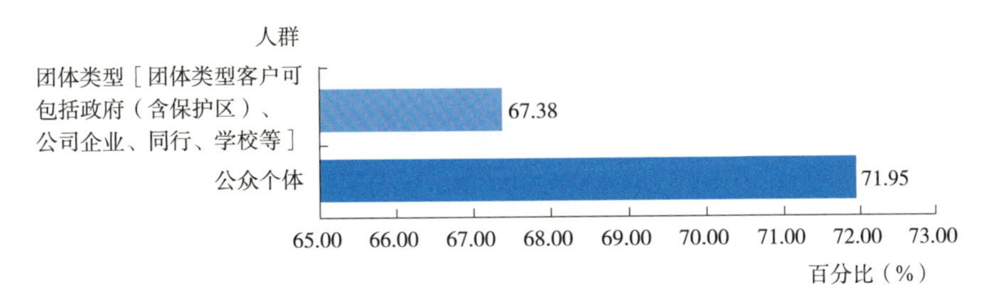

图 2-29　自然教育机构的服务人群

在为团体类型客户提供服务的调研中，与往年数据类似，主要为小学学校团体（81.90%）提供自然教育活动承接（92.76%）的服务（图 2-30、图 2-31）。除此之外，参与调研的自然教育机构还为团体类型的客户提供自然教育项目咨询（48.42%）、自然教育能力培训（43.44%）的服务（图 2-31）。在高度同质化的服务对象与服务内容之下，自然教育机构除了不断提升自身的服务质量、加强与服务对象黏度的思路外，需要更好地细分用户群体，提供差异化的服务，开辟如与学科教育、劳动教育等结合的蓝海，也可以考虑拓展学校团体（学校组织教职工）的自然体验与培训，倡导与参与针对小学自然教育的研究课题、网络联盟等业态培育的内容，促进主营业务的同时更好地塑造自身的核心优势。

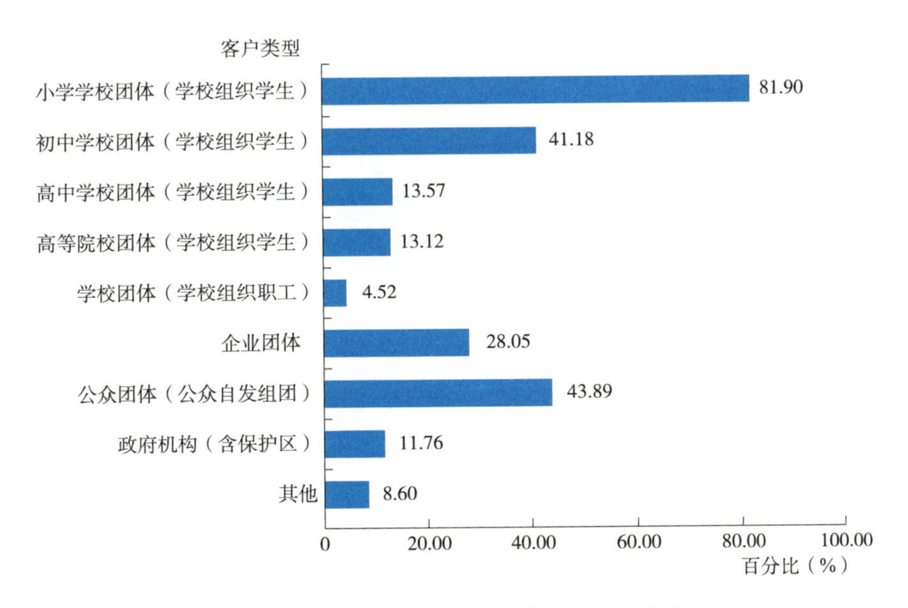

图 2-30　自然教育机构的团体客户具体类型

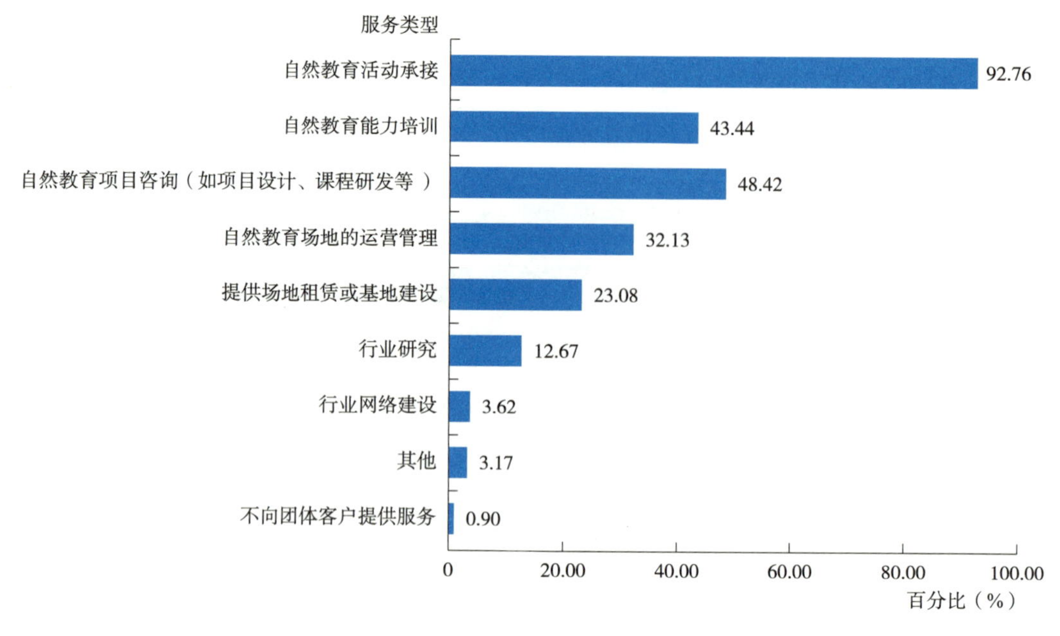

图 2-31　自然教育机构为团体客户提供服务类型

在参与调研的自然教育机构面向公众个体提供的自然教育服务中，主要面向小学生（76.69%）和亲子家庭（75.00%）提供自然教育体验活动 / 课程（98.73%）（图 2-32、图 2-33），同时也面向如学龄前儿童、初中生、高中生、成年公众等提供自然教育的服务，但占比不高。在参与调研的自然教育机构提供的自然教育服务中，也涉及解说展示、餐饮服务、住宿服务、旅行规划、商品出售等多种类型，但占比也不高（图 2-33）。在公众个体中瞄准的目标对象及提供的服务内容同质化严重，市场竞争强烈。

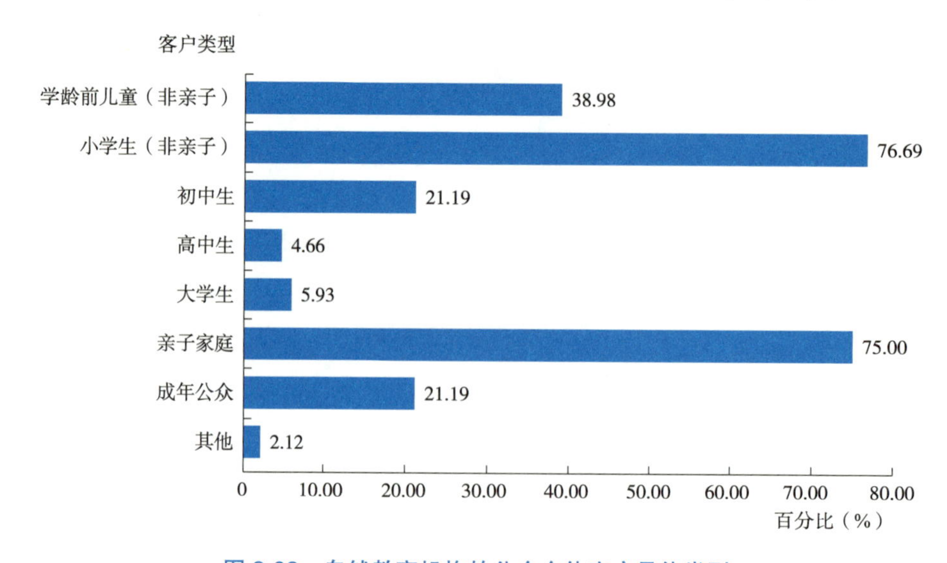

图 2-32　自然教育机构的公众个体客户具体类型

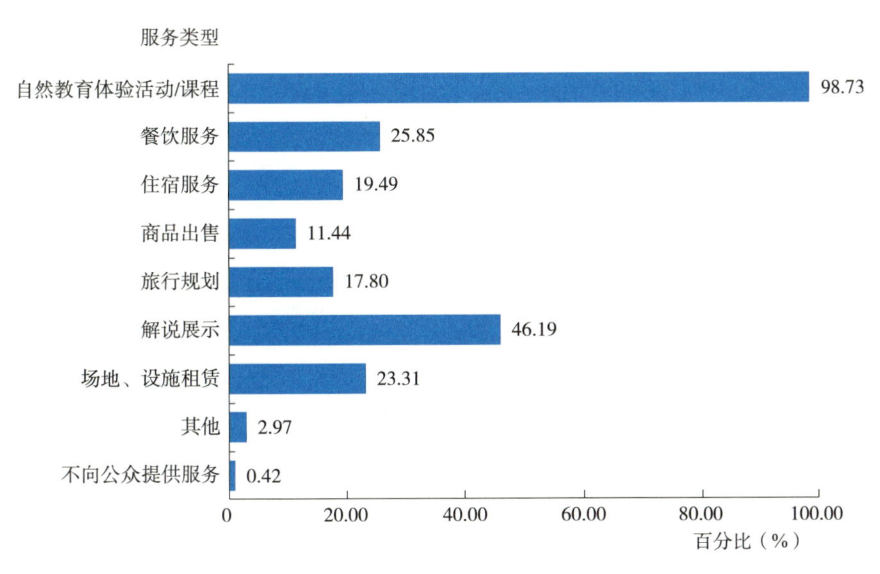

图 2-33　自然教育机构为公众个体客户提供的服务类型

与历年调查结果相似，无论是为团体类型客户还是个体类型客户，参与调研的自然教育机构的核心服务人群以小学生为主，提供的服务以自然体验活动为主，且比例呈上升趋势。这也说明自然体验活动是最能够呈现自然教育特点的普遍选择的方式，小学生是重要的、直接的、易触达的人群，在行业初期，自然教育机构可以直接回应最凸显的需求以获得较快的市场收益，随着市场逐渐成熟、竞争加剧，自然教育机构需要考虑挖掘分析深层次需求，细分市场，提供差异化的服务以获得更可持续的发展。

2. 自然教育活动的次数与参与人次

在自然教育的活动频次方面，调研结果显示，相比历年平均开展的自然教育活动频次，参与调研的自然教育机构 2021 年度开展的自然教育活动的次数占比情况与历年的分布总趋势类似，主要集中在年度开展自然教育活动 50 次以内，占比 74.09%，比历年的 68.90% 增加了 5.19%。其中，主要的变化体现在历年平均开展自然教育活动的次数以 11~30 次为主，占比 30.79%，2021 年开展 11~30 次活动的机构占比比历年降低了 3.93%；2021 年开展自然教育活动的次数以 0~10 次为主，占比 28.05%，比历年增加了 7.62%（图 2-34）。总体而言，2021 年自然教育活动开展的次数较往年有所下降。

在参加自然教育活动人次占比方面，如图 2-35 所示，2021 年参与自然教育活动的人次占比与历年占比的分布总趋势类似，主要集中在 1000 人次以内，占比 64.63%，历年为 57.92%。超过 1000 人次的占比略有减少，虽然比 2020 年有所增加，占比增加 2.59%，但相比 2019 年的 48.00%，超过 1000 人次的参与调研的机构占比减少了 13.85%。

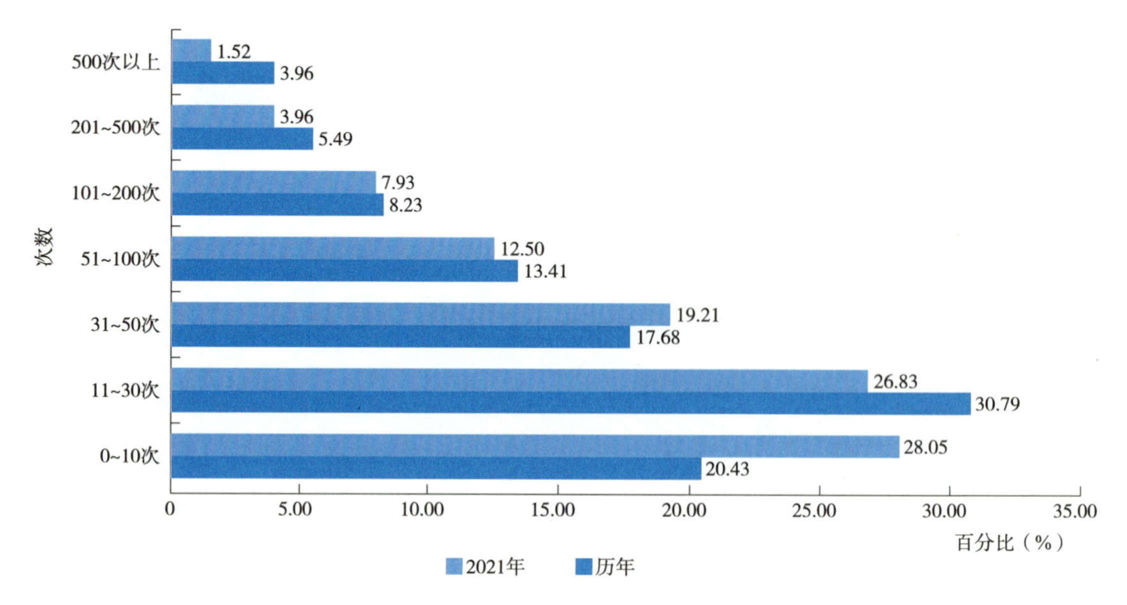

图 2-34　自然教育机构年度开展自然教育的次数

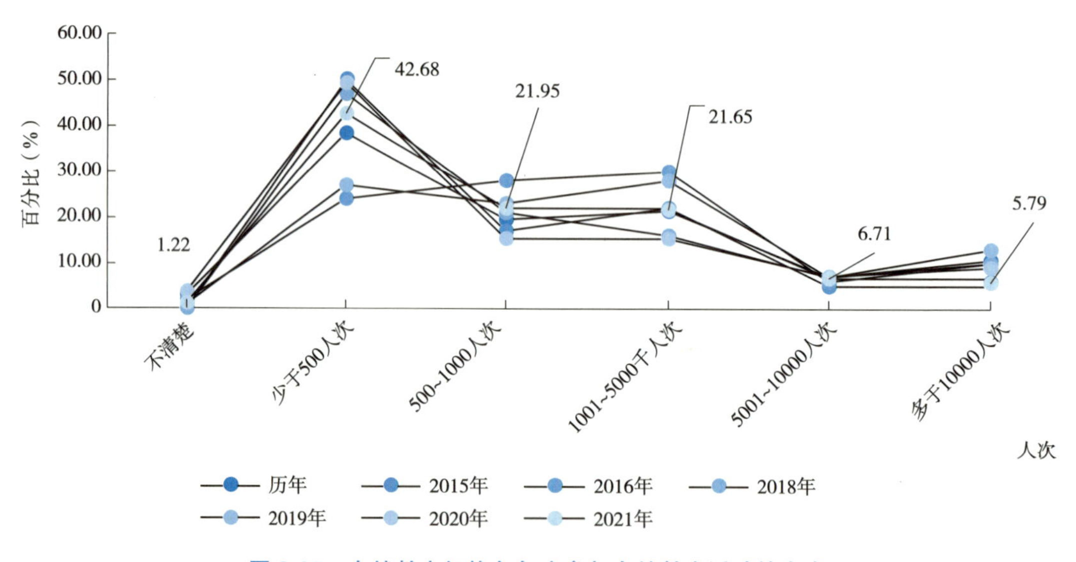

图 2-35　自然教育机构各年度参与自然教育活动的人次

参与调研的自然教育机构开展自然教育活动较往年有所下降，大规模参与自然教育活动的人次也有所减少，疫情对自然教育活动的影响仍在继续，回到了 6 年前的发展水平，自然教育行业还在缓慢恢复阶段。

3. 自然教育活动客户留存率

过去一年中，参与调研的自然教育机构自然教育活动的客户留存率低于 40% 的机构占 67.38%，其中，客户留存率小于 20% 的机构占 35.67%，仅 11.89% 的机构客户留存率高于 60%。客户的流失率比较大，这与自然教育活动本身强调的重视联结、体验、高客户黏度的特性不吻合，提示自然教育机构需要注重开展专门的工作来提高留存率，也需要重新评估提供的服务内容、自然活动设计的质量和效果（图 2-36）。

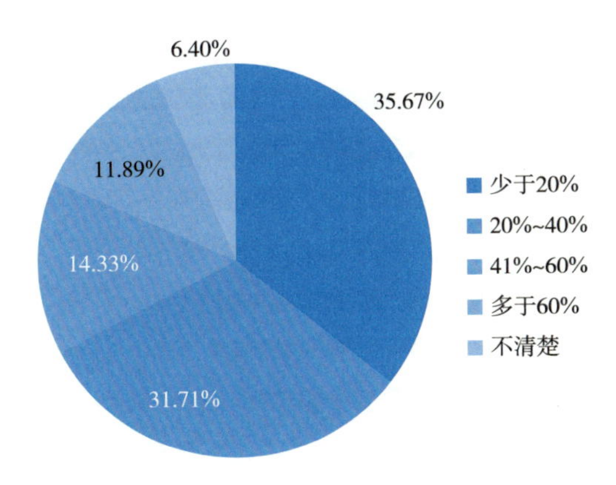

图 2-36　自然教育机构 2021 年参加 2 次及以上自然教育活动的人数占比

4. 开展自然教育活动的场域

在开展自然教育活动的场域方面，调查结果显示，超过半数以上的自然教育机构选择在市内公园（63.72%）、自然保护区（55.79%）开展自然教育活动，除此之外，还有 21.95% 的参与调研的自然教育机构选择其他类型的场域，主要包括学校、社区绿地、旅游景区、郊野、乡村、自营的基地等（图 2-37）。

在场地的所有情况方面，自营基地、自有场地、租用场地的占比情况较为均衡，其中有 25.30% 的参与调研的自然教育机构选择其他所有方式，主要为公共空间和合作营地（图 2-38）。

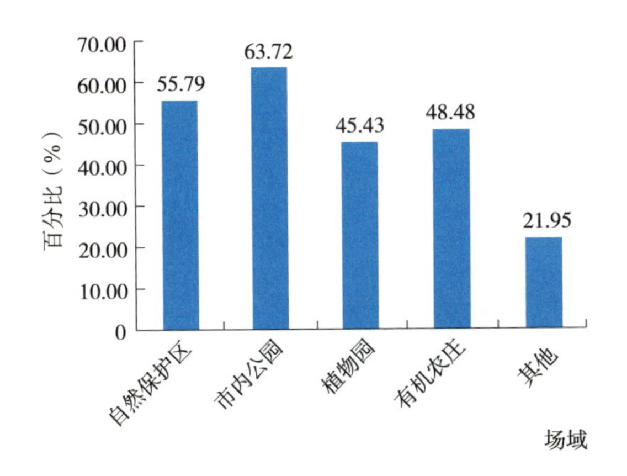

图 2-37　自然教育机构开展自然教育活动的场域

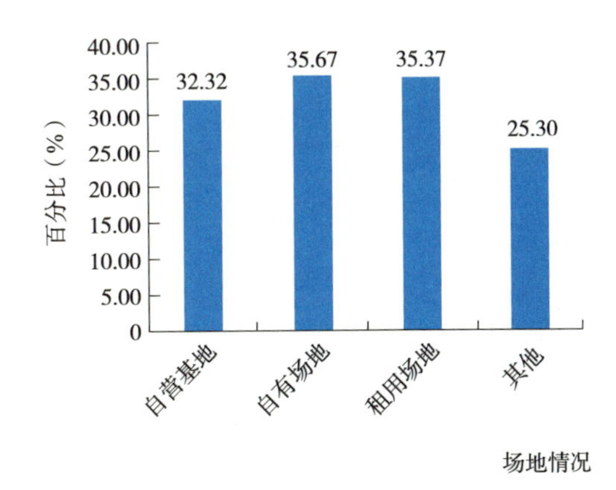

图 2-38　自然教育机构开展自然教育活动的场地所有情况

在具体的硬件设施方面，如图 2-39 所示，超过八成以上的参与调研的自然教育机构所拥有的场地中设置有博物馆、宣教馆、科普馆、自然教室等；超过六成的自然机构拥有的场地设置有导览路线及公共卫生间、休憩点，保障自然教育场地的基本功能。

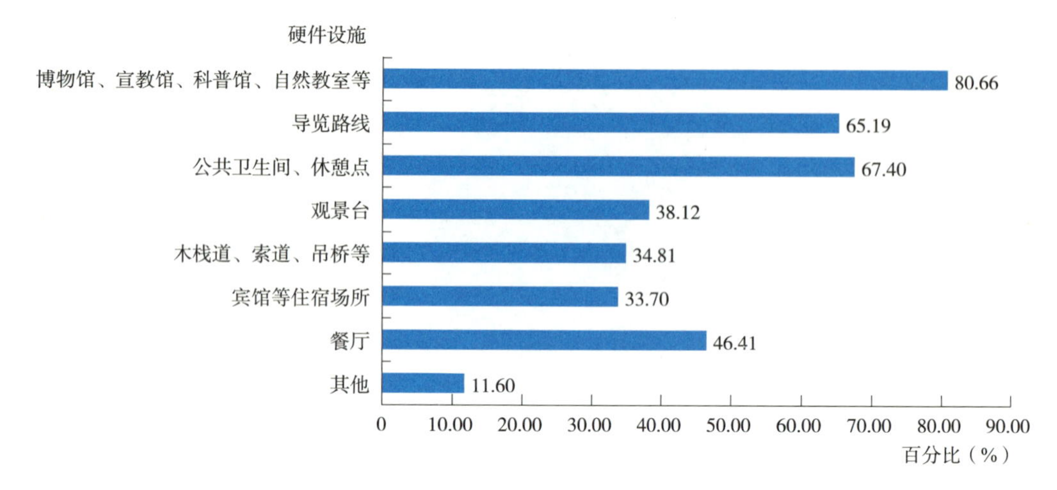

图 2-39　自然教育机构场地硬件设施

在场地面积方面，如图 2-40 所示，自然教育机构的场地面积大小不一，有的机构场地面积小于 100 平方米（3.87%），有的机构面积大于 100000 平方米（27.07%）。而开展自然教育的场地面积占比也较为多样，占比从 10% 及以下，到 91%~100% 等均有分布，其中，有 28.73% 的拥有场地的自然教育机构开展自然教育的面积不足 20%，这可能与参与调研的机构中有一定比例的自然保护区，其本身能够开放的区域有限有关（图 2-41）。有 15.47% 的开展自然教育的场地面积超过了 90%，能基本实现全域自然教育。

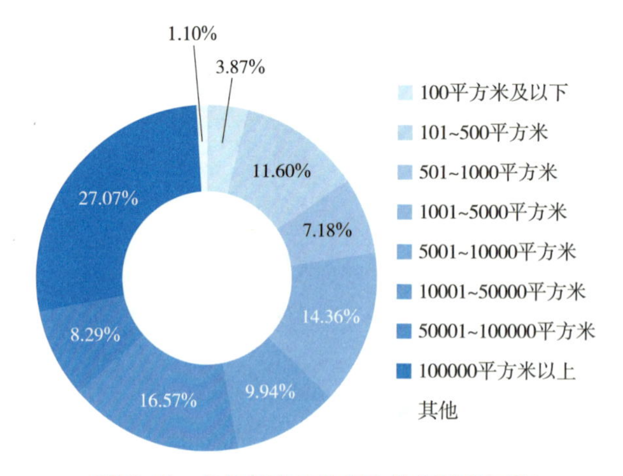

图 2-40　自然教育机构拥有的场地总面积

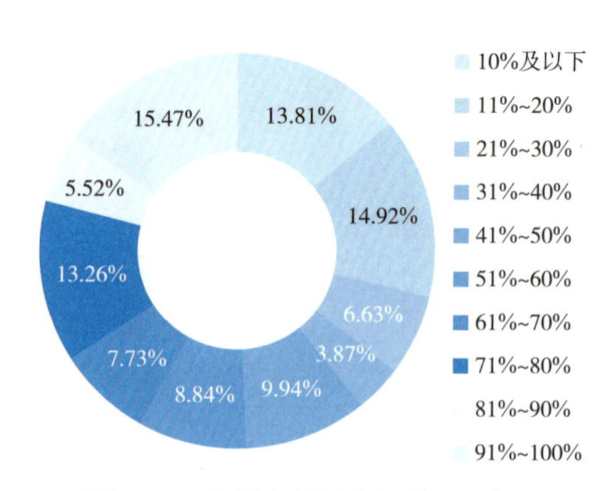

图 2-41　开展自然教育场地面积占比

5. 开展自然教育的方式、费用与评估

在开展自然教育的方式方面，调研结果显示，与往年类似，参与调研的自然教育机构主要通过自然科普 / 讲解（69.82%）、自然观察（61.89%）的方式开展自然教育活动，采用自然艺术、农耕体验和园艺、自然游戏、户外拓展等方式的平均占比约为 30%，阅读和自然疗愈的选择更少，合计占比仅为 7.62%。开展自然教育的方式多样，如自然体验、自然记录等，可以考虑多种自然教育方式的探索尝试及结合使用，以获得最适合当下主题、目标、人群和内容的方式，更好地让参与者感受自然之美、与自然产生联结进而自发产生自然守护行动（图 2-42）。

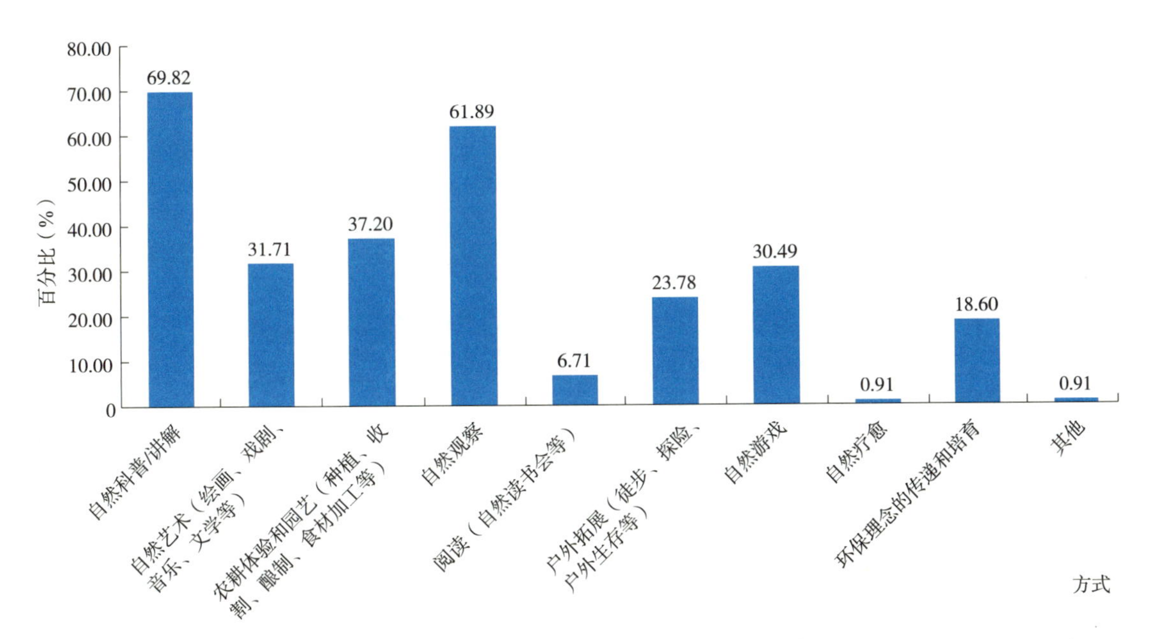

图 2-42　自然教育机构开展自然教育的方式

在提供常规本地自然教育课程（非冬夏令营）的人均费用方面，29.88% 参与调研的自然教育机构提供的常规课程人均收费在 100~200 元 /（人・天）（29.88%），有 21.95% 的自然教育机构提供免费的自然教育活动。与 2020 年相比，提供免费自然教育活动的占比增加了 7.85%（图 2-43）。

在自然教育活动评估中，86.89% 的参与调研的自然教育机构对开展的自然教育活动进行过评估，其中，69.51% 的自然教育机构通过对参与者进行满意度调查来进行评估，还有机构通过前后测评（48.17%）、职员互相观察与互评（30.49%）及社交媒体信息跟踪（27.44%）来进行评估，有 2.13% 的机构委托专业机构进行评估（图 2-44）。除此之外，还有 13.11% 的参与调研的机构采用其他的评估方式，如根据持续参加活动和转介绍比例

进行评估，课程半年后跟踪回访家长的反馈调查，参加公办学校的办学评估，支持项目执行的机构对项目进行评估等方式。

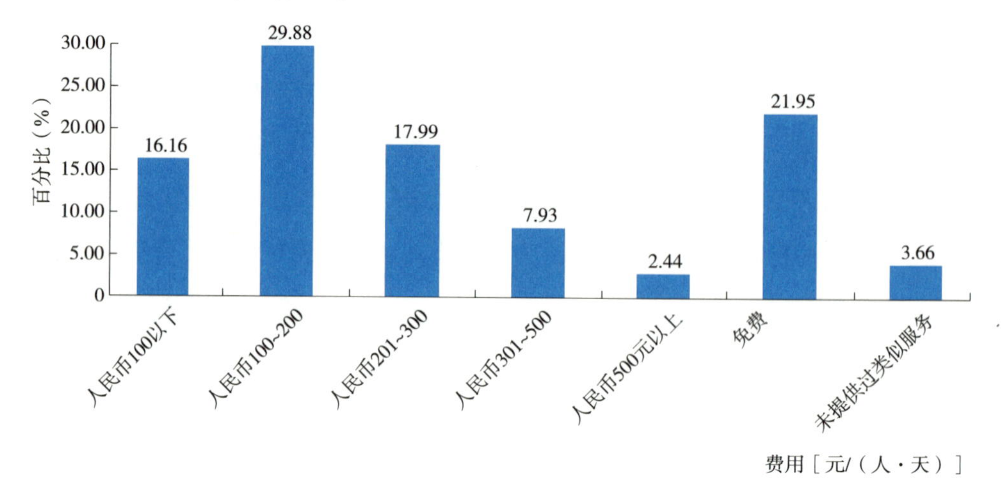

图 2-43　提供常规本地自然教育课程（非冬夏令营）的人均费用

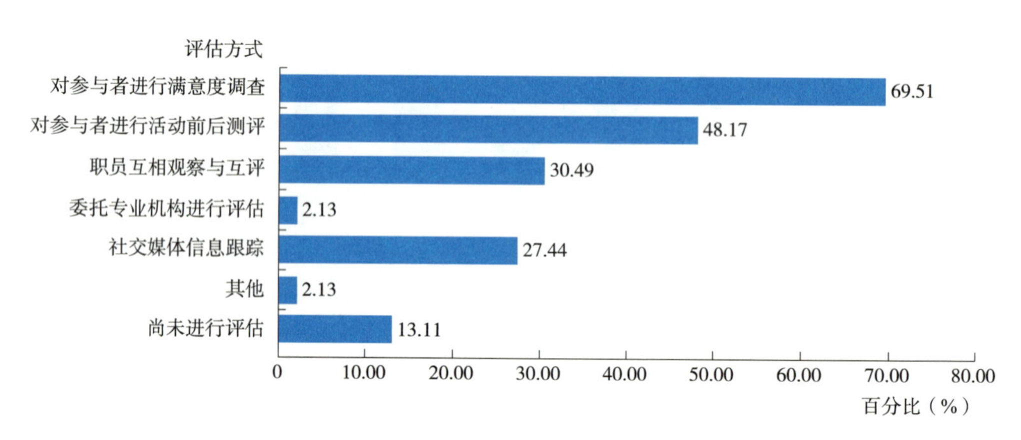

图 2-44　自然教育的评估方式

四、调研对象的资金运营情况

1. 成本与支出

在运营成本方面，参与调研的自然教育机构 2021 年的机构年度运营总成本与 2020 年的占比趋势基本一致，六成以上的自然教育机构运营总成本在 50 万元以内，这与 2019 年的趋势完全相反（图 2-45）。2020 年与 2021 年运营成本占比的峰值均为人民币 10 万元以下，2020 年该范围内的参与调研的自然教育机构占比为 29.88%，2021 年为 27.74%，由此可见疫情对于自然教育机构成本调整有巨大的影响，且影响正在持续。

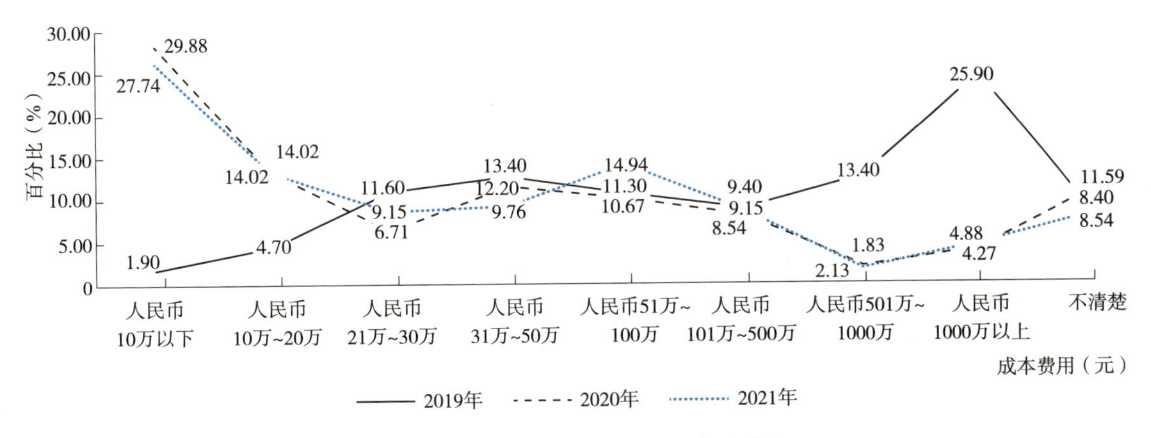

图 2-45　自然教育机构年度运营总成本

在自然教育的成本支出方面，如图 2-46 所示，参与调研的自然教育机构 2021 年与 2020 年的主要支出项目基本一致，2021 年自然教育的成本支出主要集中在活动运营（60.67%）及教育人员聘请（58.84%）两个方面，场地提升及硬件设施建设依然占比不多，2021 年的支出依然控制在保障核心业务的输出，硬件提升方面持保守状态。

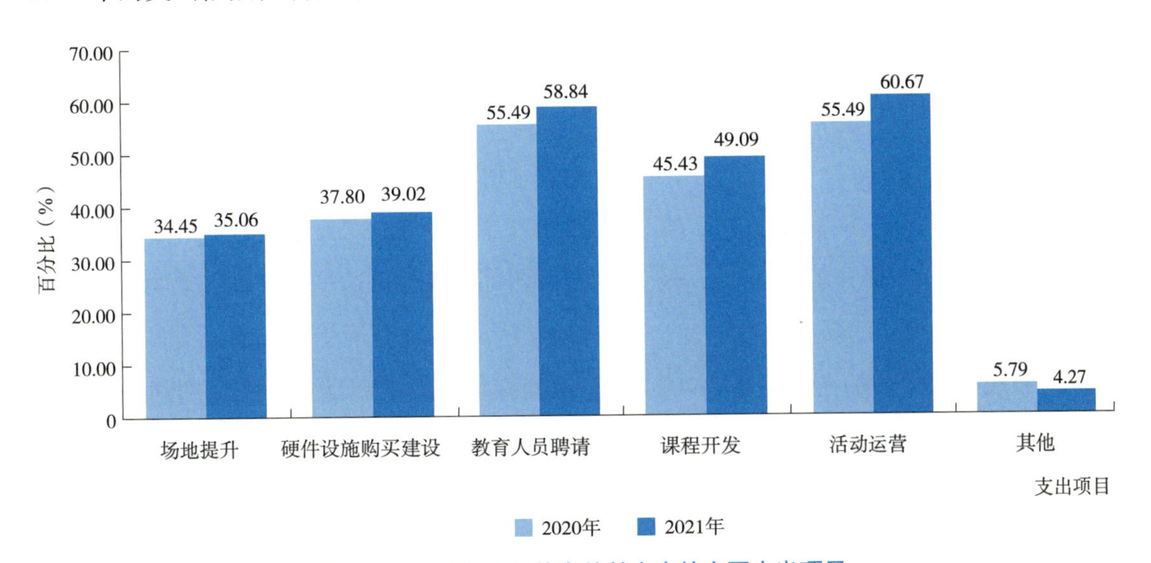

图 2-46　自然教育机构自然教育中的主要支出项目

2. 主要资金来源

对比 2019 年、2020 年、2021 年的参与调研的自然教育机构主要资金来源，整体趋势变化不大，2021 年资金的主要来源聚焦在课程方案收入（41.46%）、来自政府的专项经费（29.57%），门票、餐饮服务、住宿服务、会员年费、公益捐款、线上课程、远程指导、其他等收入均为辅助收入，有这些来源的机构平均占比不足 10%（图 2-47）。

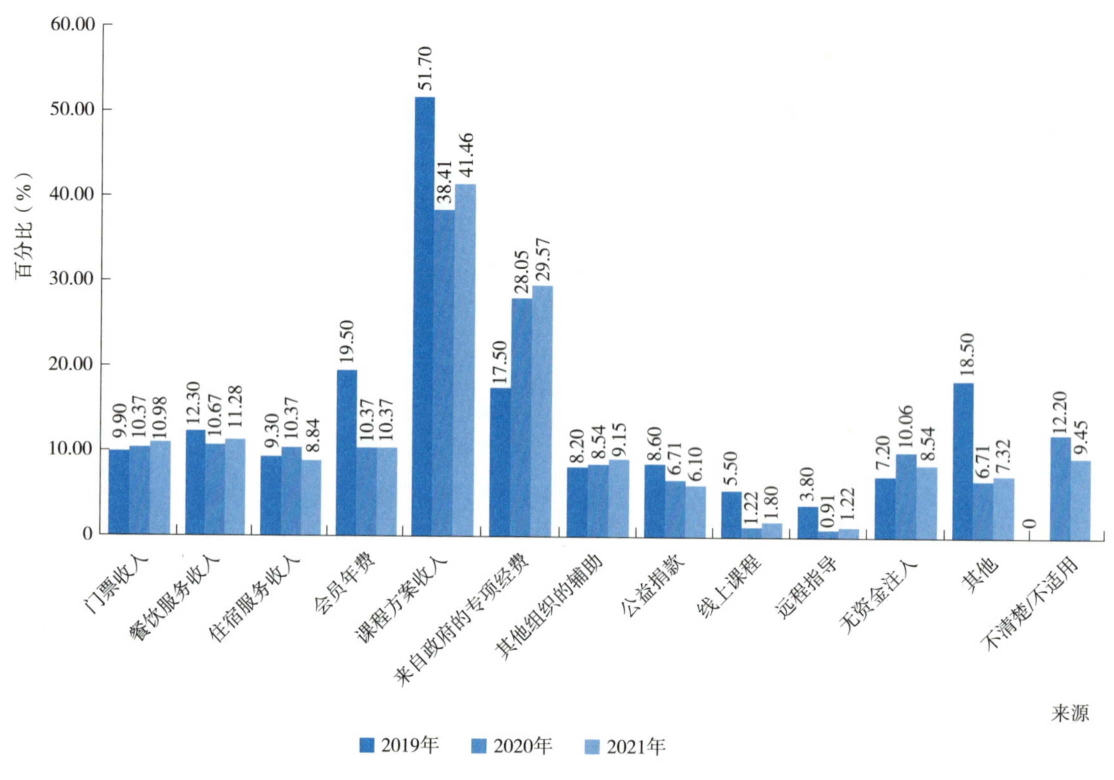

图 2-47　自然教育机构主要资金来源

纵向对比发现，2021 年的参与调研的自然教育机构主要资金来源中，来自课程方案收入的机构占比较 2019 年下降了 10.24%，较 2020 年提升了 3.05%；来自政府的专项经费的机构占比较 2019 年提升了 12.07%，较 2020 年提升了 1.52%。这一定程度上表明，2020 年疫情对自然教育机构的影响仍在继续，随着自然教育活动的开展受到影响，很多机构转向承接政府或下属单位的专项服务，2021 年有缓慢恢复，但政府端作为疫情期间开辟出来的新路径依然在继续保持和拓展。

3. 收益情况

在自然教育机构收益方面，横向对比，2019 年，40.90% 的参与调研的自然教育机构实现盈利，亏损机构占比 18.10%，大部分机构能够实现盈利或盈亏平衡；而 2020 年、2021 年的盈亏平衡正好相反，四成以上的机构处于亏损状态，盈亏平衡的占比变化不大，盈利的机构占比不足三成（图 2-48）。纵向对比，2020—2021 年，亏损的机构仍在增加，占比增加了 7.05%，盈利的机构虽然也有增加，但占比增加 1.22%，亏损还是主要趋势。如果从支出成本和资金来源看，2021 年活动的支出和收入较 2020 年有所增长，判断自然教育机构的活动在缓慢恢复，但从年度盈收情况看，依然以入不敷出为主。

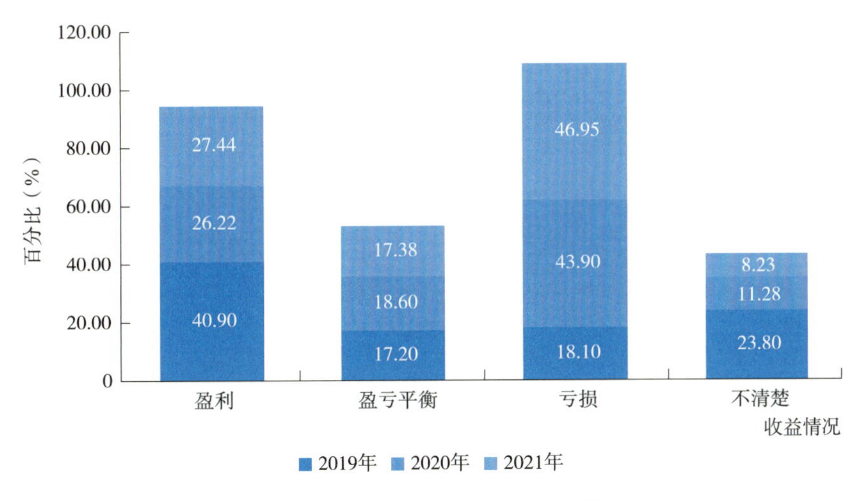

图 2-48　自然教育机构年度收益情况

五、调研对象的雇员及人才培养情况

1. 人员构成

调研结果显示，在自然教育机构人员构成方面，5 人及以内全职规模的参与调研的自然教育机构占据主体，占比 54.56%，其中，没有全职人员的机构占了 5.18%，1~2 人全职规模的机构占 17.68%，3~5 人全职规模的机构占了 31.71%，自然教育机构以小而美为主（图 2-49）。女性职员的规模占比分布与全职规模类似，也以 5 人及以内为主，其中，1~2 人和 3~5 人占比最大，分别为 29.88%、29.57%，需要指出的是，参与调研的机构中 9.15% 的自然教育机构没有女性员工（图 2-50）。非全职员工的规模分布较为均匀，主要集中在 3~5 人规模（20.73%）和 6~10 人规模（17.99%）（图 2-51）。

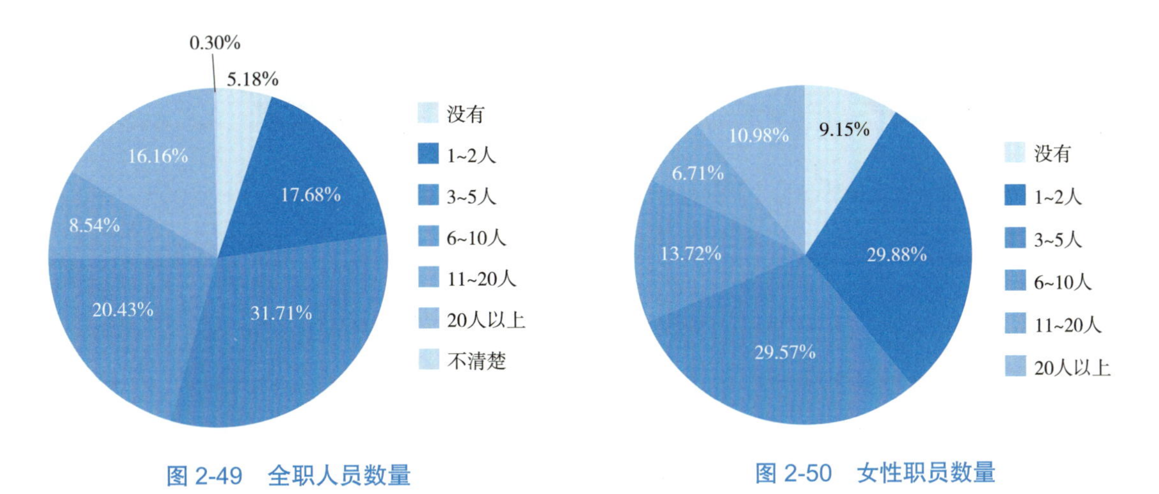

图 2-49　全职人员数量

图 2-50　女性职员数量

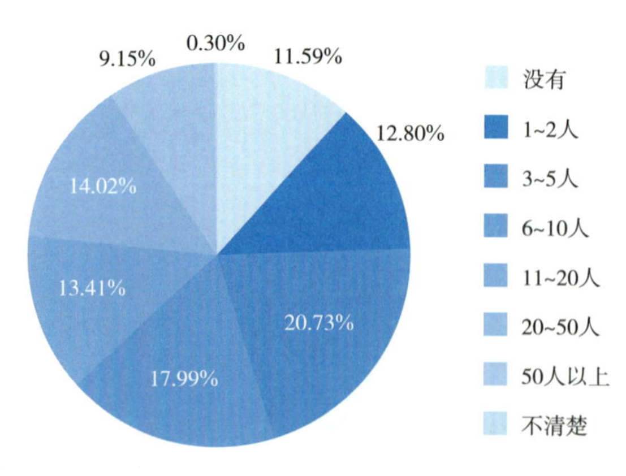

图 2-51　非全职员工数量

除此之外，参与调研的自然教育机构的团队构成中，有 89.33% 的机构拥有自己全职的自然教育导师，且有 41.46% 的自然教育机构拥有 1~2 人规模的自然教育导师，有 29.88% 的机构拥有 3~5 人规模的自然教育导师，20 人以上规模的仅占 1.83%（图 2-52）。在课程研发导师方面，有 97.26% 的参与调研的自然教育机构拥有课程研发导师，其中，47.26% 的机构拥有 1~2 人规模的课程研发导师，有 35.98% 的机构拥有 3~5 人规模的课程研发导师，让机构在内容和研发方面得到保障以塑造自身的核心竞争力（图 2-53）。

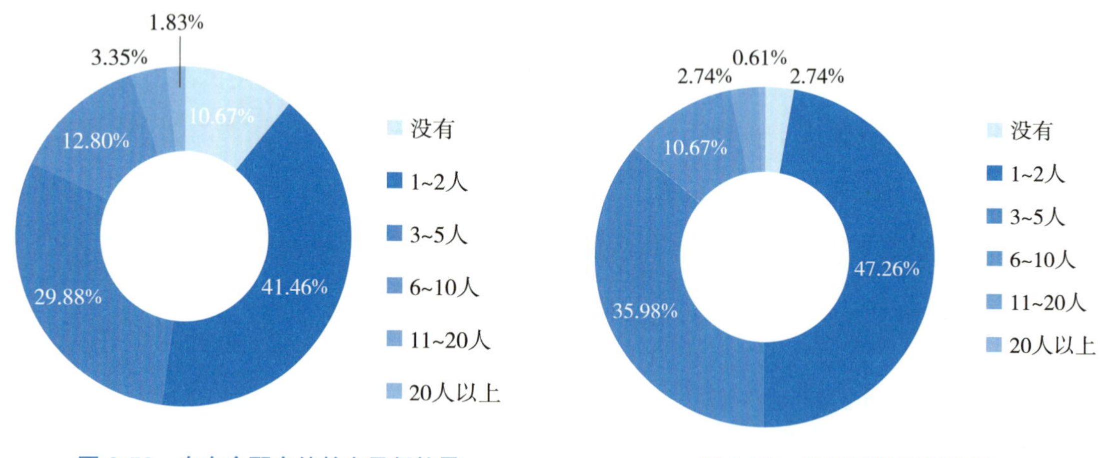

图 2-52　自有全职自然教育导师数量

图 2-53　课程研发导师数量

2. 能力提升

在能力提升方面，参与调研的自然教育机构主要通过内部培训和借助外部资源两种途径进行，主要以内部培训为主，其中有 70.43% 的机构定期举办内部员工培训，有 70.12% 的机构鼓励员工参与课程的研发，在实战中获得能力的提升，有 50.61% 的机构安排资深员工辅导新员工。在借助外部资源学习的途径中，67.38% 的机构鼓励员工参与外部举办的工作坊和研讨会，有 42.07% 的机构安排员工参观其他单位，进行访问，有 40.24% 的机构鼓励员工正式修课或取得学位（图 2-54）。总体看来，自然教育机构为员工自然教育能力建设提供了多元化的方式，多角度地满足人才需求，以期更好地服务于机构。

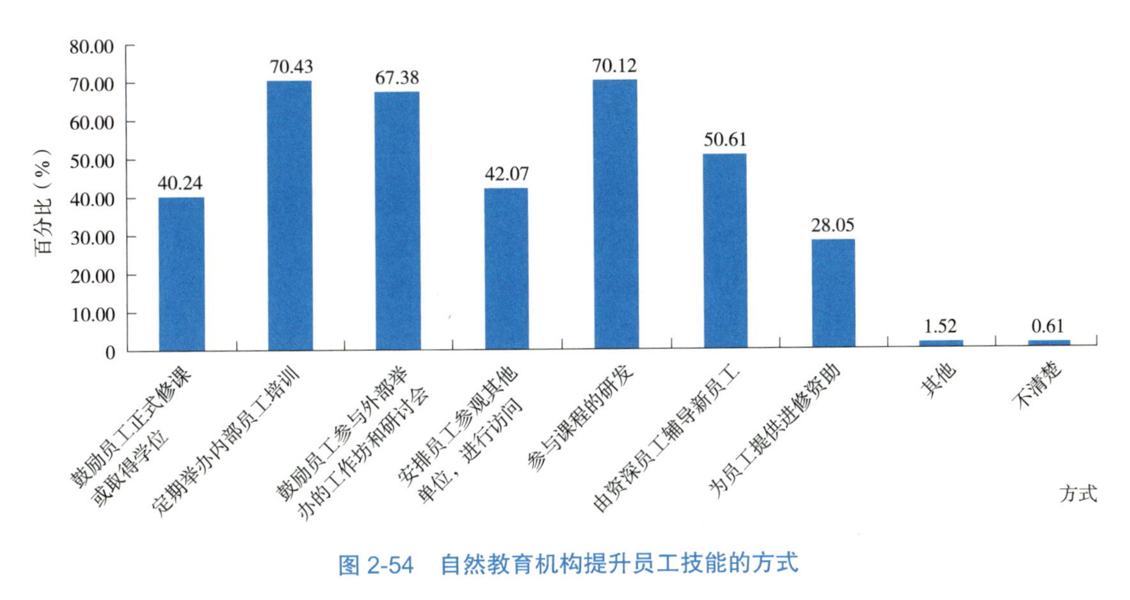

图 2-54　自然教育机构提升员工技能的方式

六、调研对象面临的挑战及计划

1. 面临的挑战

在参与调研的自然教育机构面临的挑战方面，调查结果显示，缺乏人才依旧被视为目前机构发展的最大瓶颈，评分为 6.36（最高分 8 分），其次是缺乏经费（5.18 分）、缺乏政策去推动行业发展（2.59 分），这与历年调查中机构发展面临的挑战总趋势相比未有明显变化（图 2-55）。

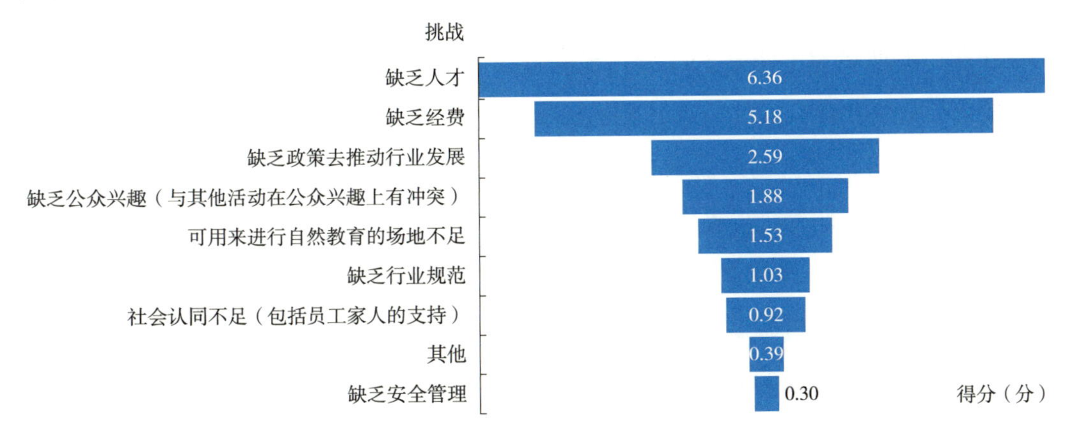

图 2-55　机构正面临的挑战评分

2. 未来的计划

未来 1~3 年，参与调研的自然教育机构最重要的工作中，研发课程、建立课程体系（8.60 分）、提高团队在自然教育专业的商业能力（5.36 分）、市场开拓（5.34 分）成为排位前三的主要工作，这与历年调研中机构的工作计划总趋势相比未有明显变化（图 2-56）。这一定程度反映了自然教育机构近 5 年所处的发展阶段没有明显变化。

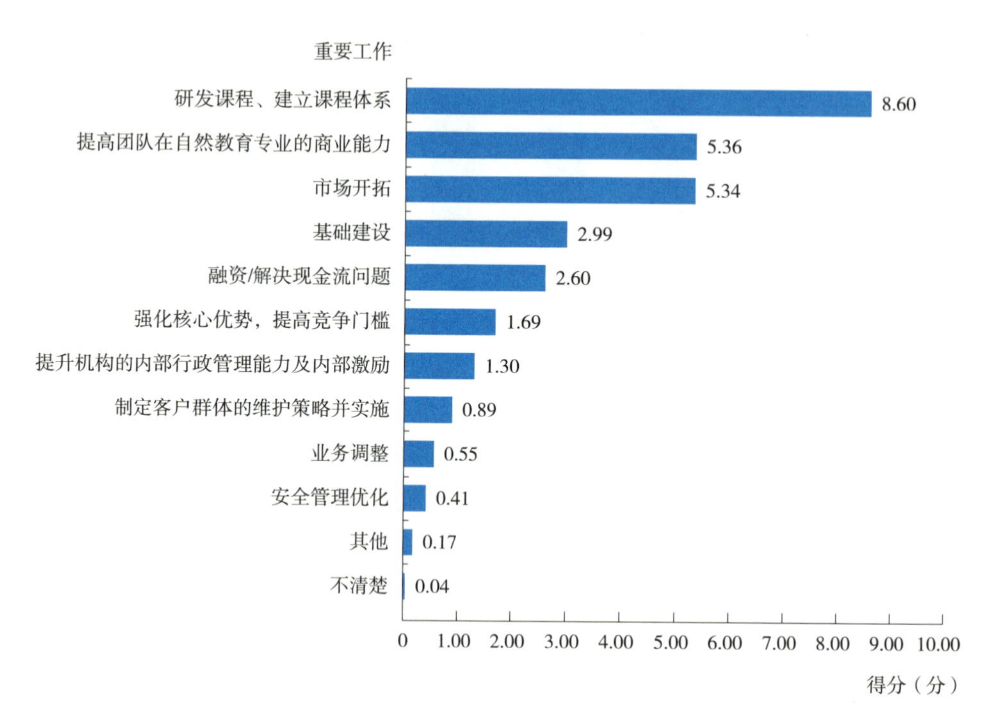

图 2-56　未来 1~3 年最重要的工作评分

3. 期待的投资者、合作伙伴

为了更好地应对挑战，实现 3 年计划，参与调研的自然教育机构在期待的资助方式方面，更加期待专业指导（评分 3.94 分，最高分为 8 分），授人以鱼不如授人以渔。其次是利用投资者 / 资助者现有资源，进行客户引入，平台推广（评分为 3.07 分），再次是非限定性资金资助，可根据机构的需求自行安排使用方向（评分为 2.95 分）（图 2-57）。由此可见，自然教育机构期待获得更加自主和灵活的资助方式。

在希望寻找的合作伙伴类型的选择中，51.22% 的参与调研的自然教育机构更加期待可以帮助机构研发课程并提供专业培训的同行伙伴，48.48% 的自然教育机构更加期待能够共同推动自然教育发展的有影响力的媒体（图 2-58）。能力建设和媒体推广依然是最具有吸引力的合作优势。这与自然教育机构未来 1~3 年的工作计划相契合。

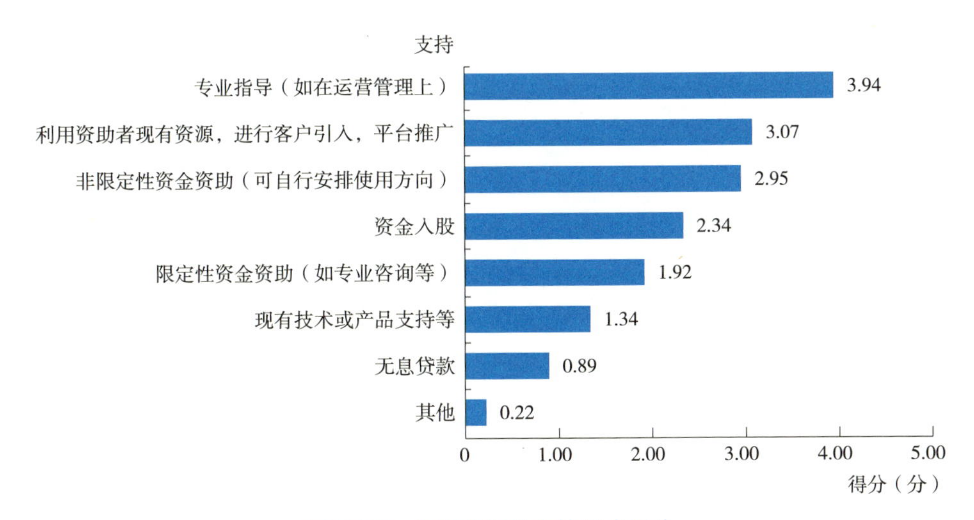

图 2-57　希望获得的支持形式评分

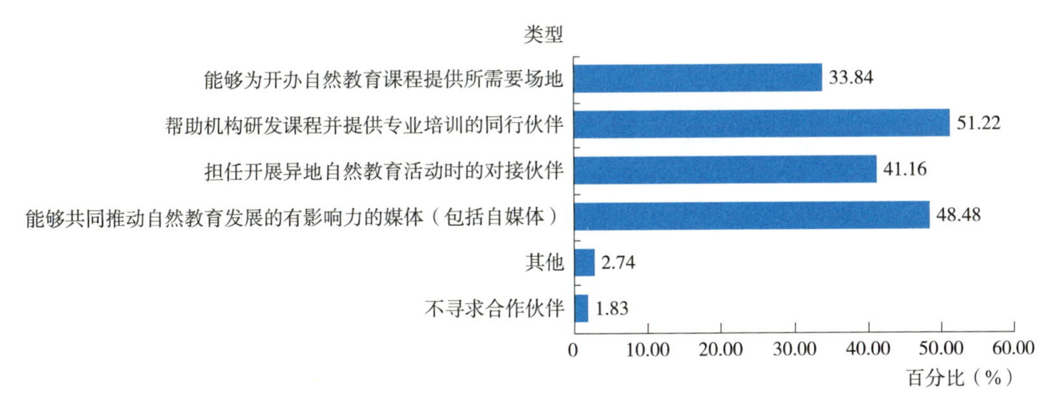

图 2-58　希望寻找的合作伙伴类型

基于此，参与调研的自然教育机构为自然教育良性发展提出了诸多建议，也围绕着行业规范、政策、宣传、能力建设等层面展开（图 2-59）。

图 2-59　发展建议云图

第三章
自然教育服务对象

一、研究方法

针对自然教育服务对象，即公众的调研分析，旨在进一步了解自然教育服务对象的特征，对自然及自然教育的认知与态度、参与自然教育的情况及反馈、消费的动机与偏好，判断自然教育的市场潜力。此次问卷调查主要通过定量问卷进行，在《2020年自然教育服务对象：公众的调研问卷》基础上进行修订补充，确定调查问卷最终版本为《中国自然教育发展调研2021——关于自然教育服务对象：公众调研问卷》。问卷调查选取了4个一线城市和自然教育发展较为突出的4个二线城市的公众，作为中国自然教育服务对象的代表。问卷获取通过问卷星的样本服务，基于其庞大且活跃的数据库（620万以上的注册会员，每日日活用户1000万，每月可触达3亿用户）进行问卷的投放，并设置了基础的样本要求。

- 年龄：18~25岁、26~30岁、31~40岁、41~45岁、45岁以上，且各个年龄段选项的比例在总数据中不超过30%。
- 区域分布：北京、广州、上海、深圳，每个城市300个样本；杭州、武汉、厦门、成都，每个城市200个样本。
- 性别：男女比例不超过3 ：7。

问卷发放时间为2022年4月1~27日，共计收集问卷2522份，有效问卷2113份，有效率为83.78%。

二、样本概况（n=2113）

1. 地理分布

本次调研调查受访者的总数为 n=2113（图 3-1）。

一线城市：北京（n=314）、上海（n=312）、广州（n=314）、深圳（n=309）。

二线城市：成都（n=212）、厦门（n=216）、杭州（n=223）、武汉（n=213）。

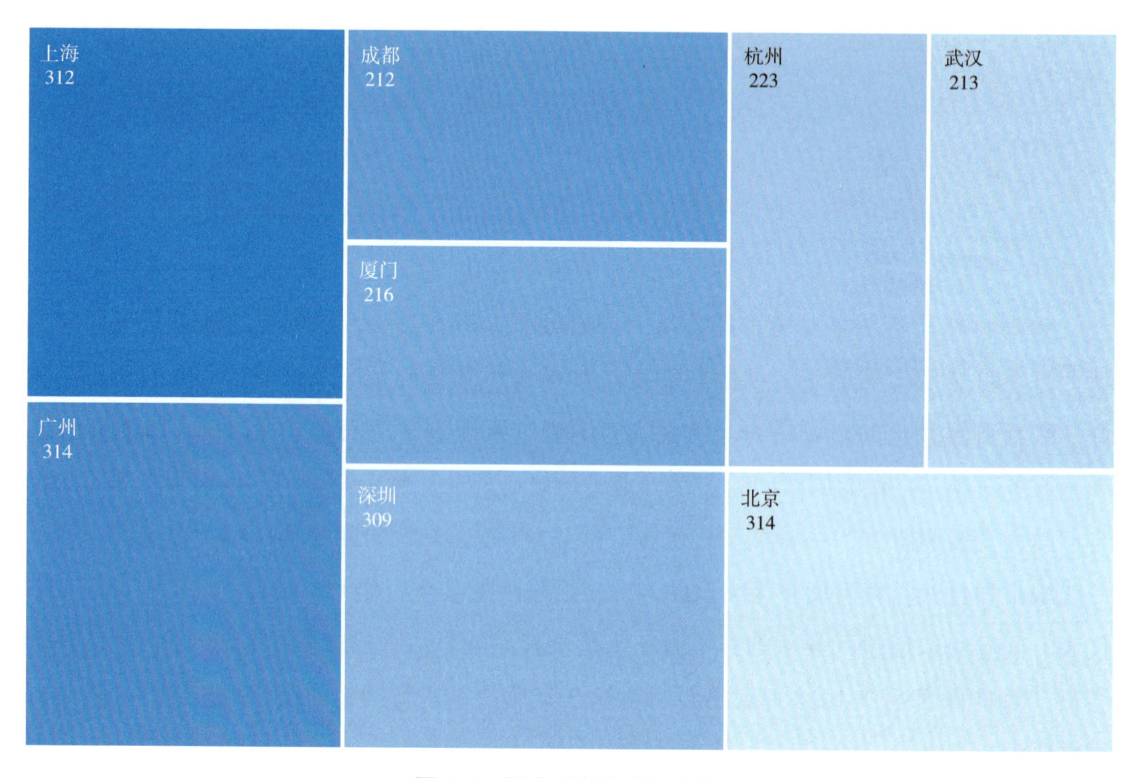

图 3-1 调查对象的地理分布

2. 人口社会特征

本次调研中，受访者共计 2113 人，以中青年为主，33.22% 的年龄集中在 18~25 岁，24.94% 为 26~30 岁，31~35 岁的占比 15.62%，35 岁以上的各个年龄段占比不足 10%；52.3% 为女性；职业以专家、技术人员及有关工作者为主，占比 28.54%；学历以本科为主，占比 62.80%；家庭月收入集中在人民币 10000~49999 元，占比 55.84%（图 3-2）。有 57.26% 的受访者已婚，37.67% 为单身未婚；46.58% 的受访者家庭拥有 1 个孩子，15.66% 拥有 2 个及以上的孩子，37.48% 的受访家庭没有孩子；拥有孩子的受访者中，29.98% 的孩子为学龄前儿童，41.94% 的孩子为小学生（图 3-3）。

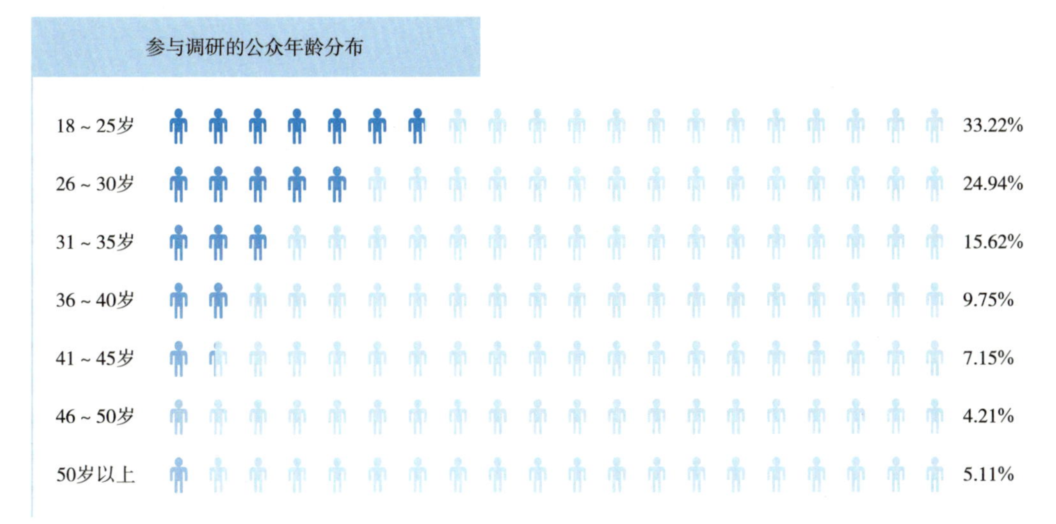

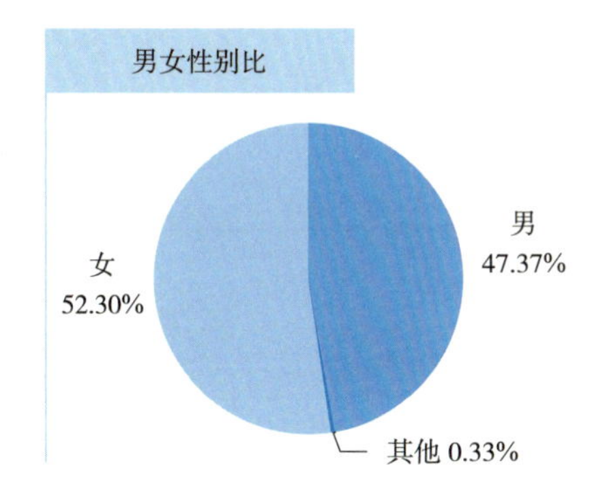

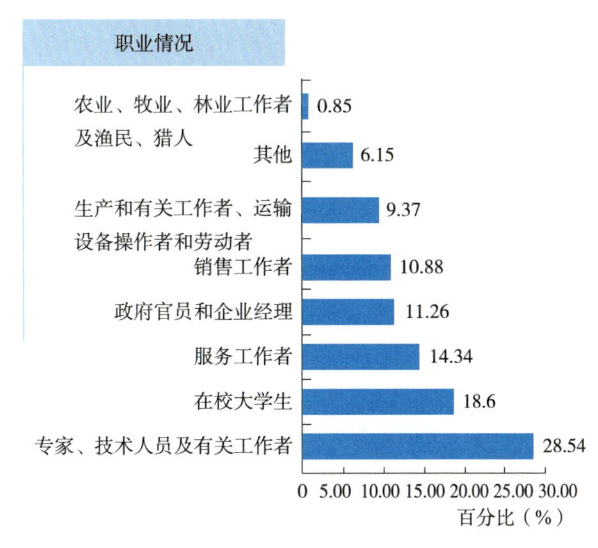

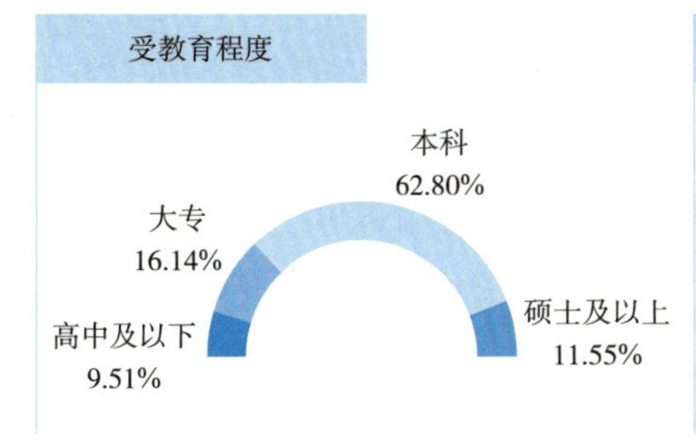

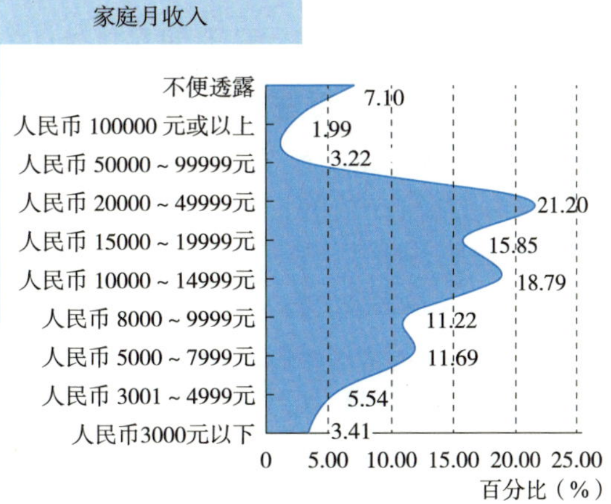

图 3-2 调查对象的人口特征

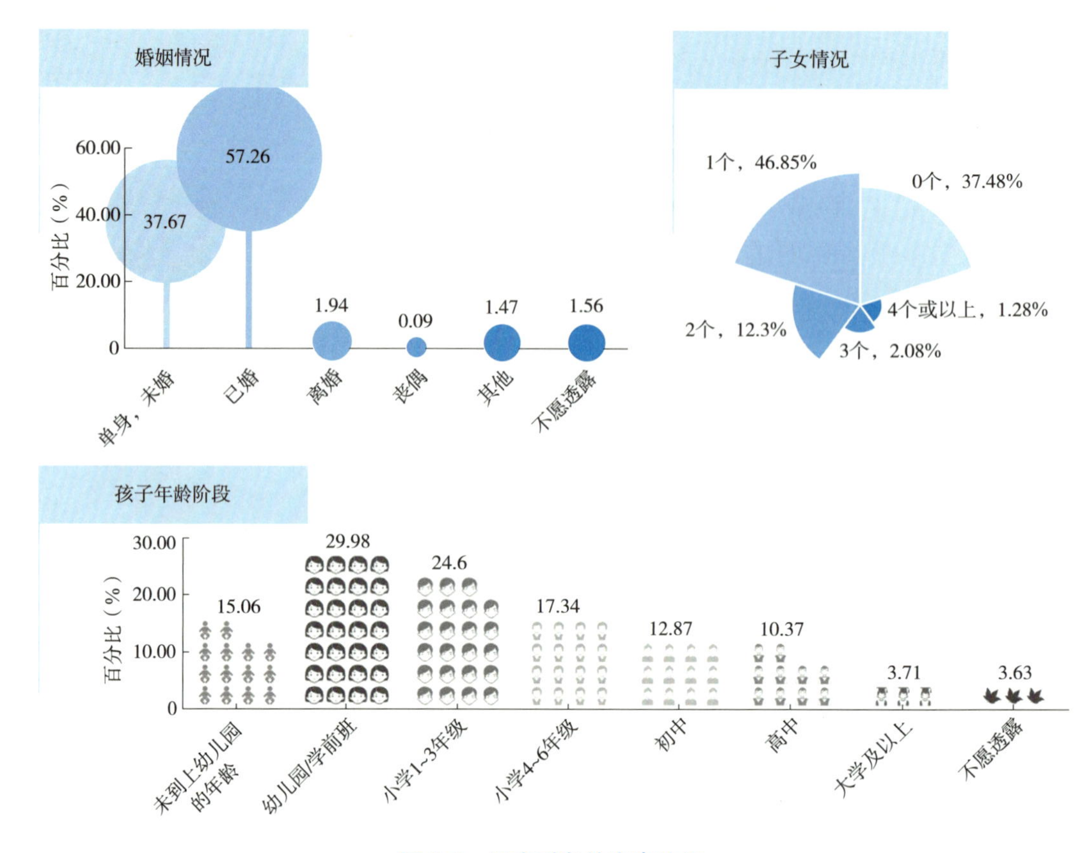

图 3-3 调查对象的家庭特征

三、公众对自然的态度和看法

1. 接触自然的重要性

对于大部分受访者和他的孩子们来说，在自然中度过时光是很重要的，对于调研对象自己，有 80.88% 的受访者为花时间在自然中打分超过 7 分，总平均分为 7.79；对于他们的孩子而言，其重要性超过 7 分的占比达到 87.43%，总平均分为 8.32 分（图 3-4）。对受访者而言，在自然中度过时光很重要，对他的孩子们来说更为重要。

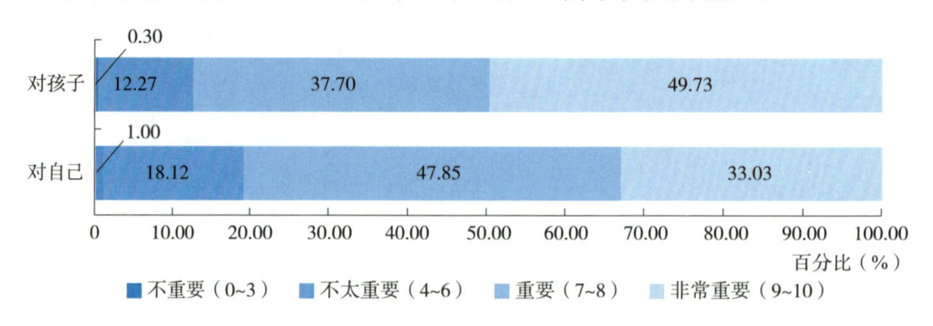

图 3-4 接触自然对自己及孩子的重要

2. 参加户外活动的频率

我们将每周参加 1 次或多次户外活动定义为“活跃”（n=677），而“不活跃”（n=547）定义为每月参加户外活动的次数少于 1 次。将每月参加户外活动的次数为 1~3 次定义为“一般”（n=889）。

受访者和他的家人们倾向于每月进行 1~3 次户外活动，一般活跃占比 42.07%，另外有 32.04% 的受访者为活跃，25.88% 为不活跃（图 3-5）。

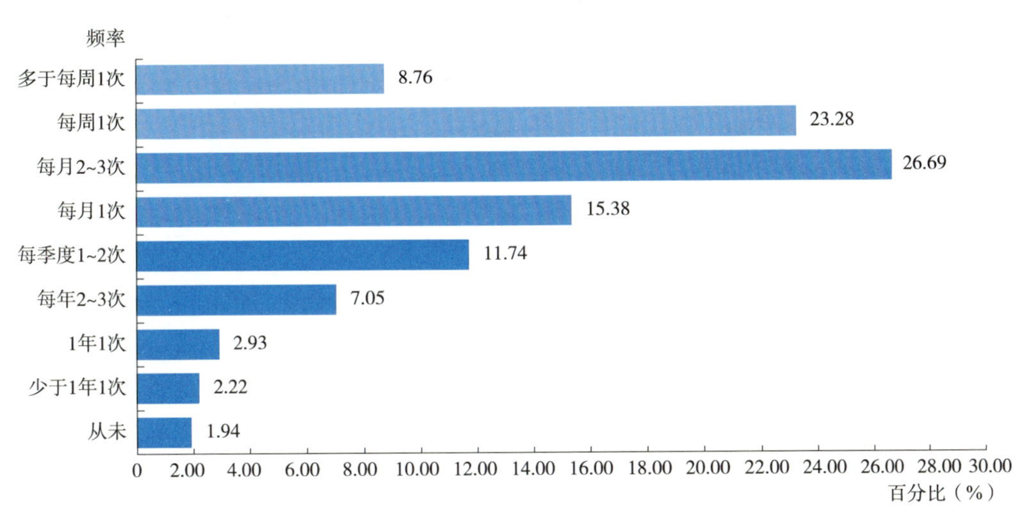

图 3-5 参加户外活动的频率

二线城市的受访者（77.67%）比一线城市的受访者（71.66%）更有倾向于每月至少参加一次户外活动，相比 2020 年及 2019 年，二线城市的受访者在户外的活跃度较一线城市有所提升（图 3-6）。

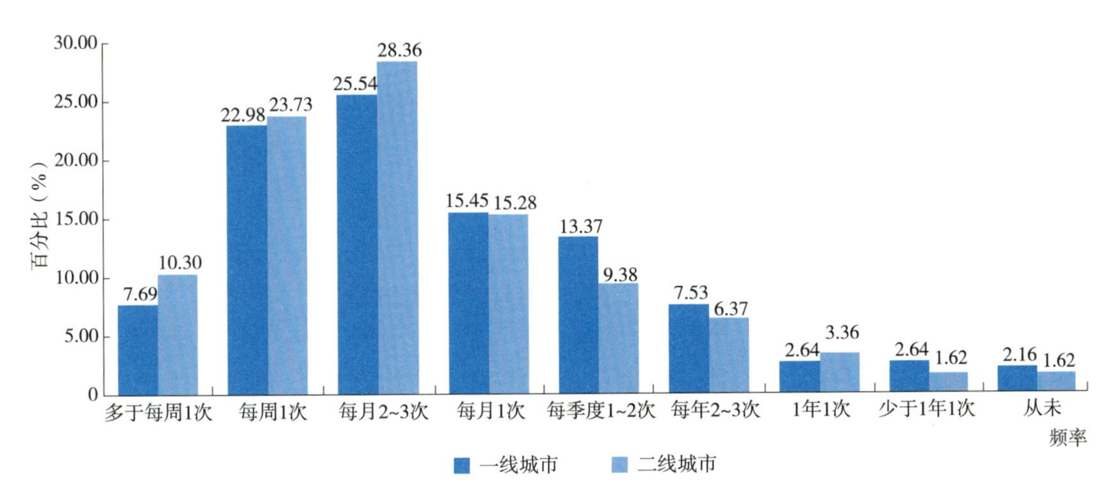

图 3-6 不同城市参与户外活动的频率

性别在参与户外活动的活跃度差异性不大，在不活跃型中，男性比女性的占比略高 2.27%。此次调研中在参与户外活动的活跃度方面，男性似乎比女性稍微不活跃（图 3-7）。

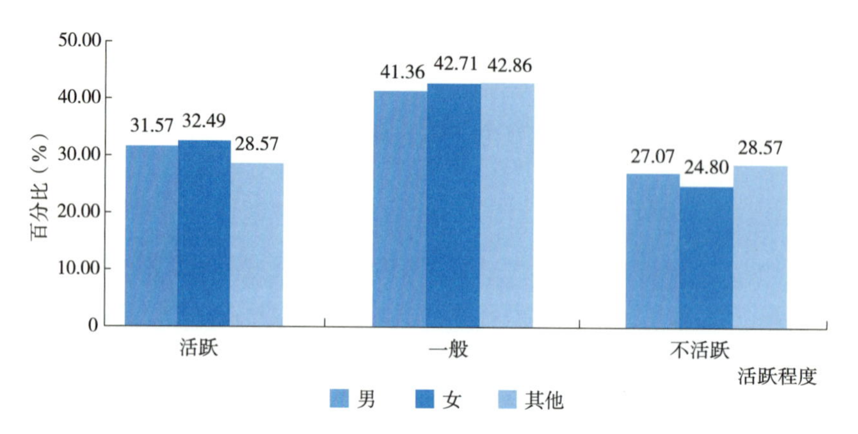

图 3-7　不同性别参与户外活动的频率

不同年龄段的参与户外活动的活跃性略有不同，相比其他年龄段，18~25 岁的受访者不活跃的占比较高，为 35.19%；31~35 岁的受访者活跃的占比较高，为 38.79%，这不排除其与该年龄段育有学龄前及小学年龄段的孩子有一定关系（图 3-8）。

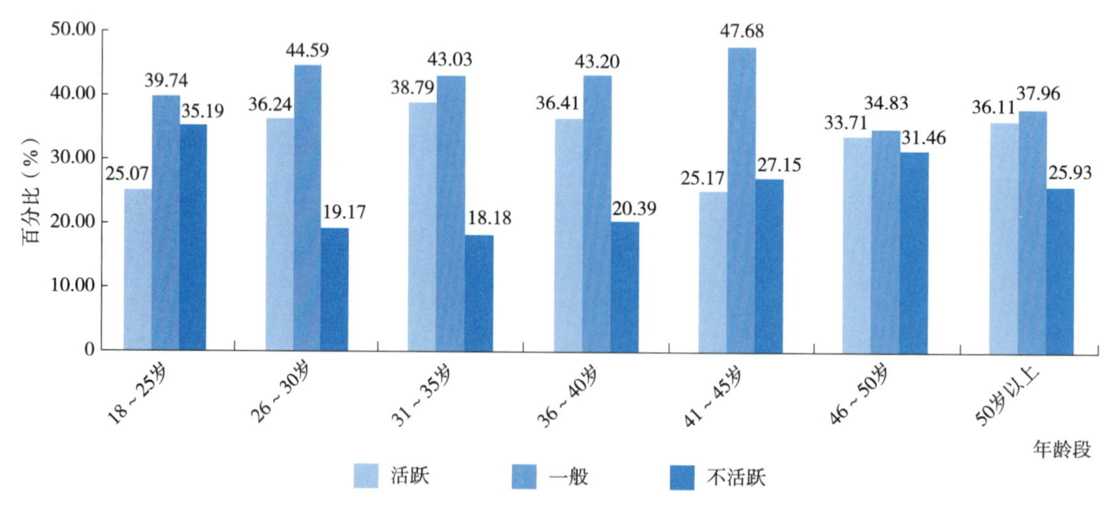

图 3-8　不同年龄段参与户外活动的频率

在过去的 12 个月内，超过一半的受访者参观过植物园或参加户外体育运动（如跑步、骑自行车、球类运动等），参加音乐会 / 演唱会、玩乐器等室内活动被较少提及（图 3-9），具体的响应情况如表 3-1 所示。

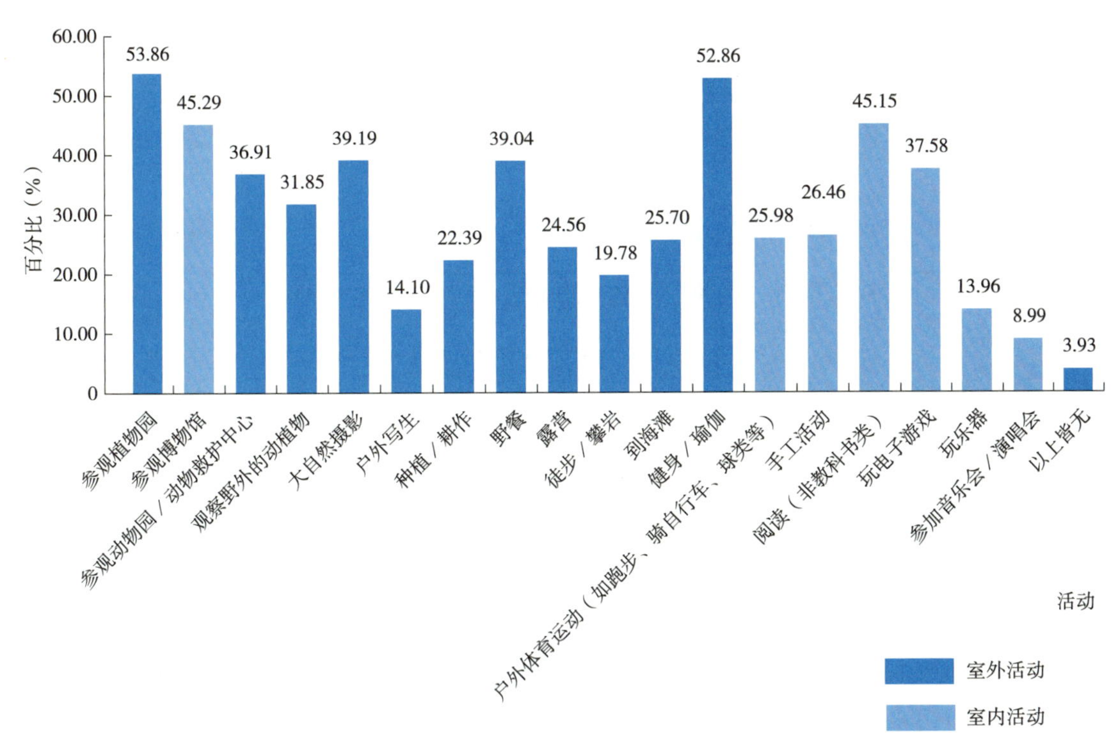

图 3-9　过去 12 个月内参加的活动

表 3-1　不同类型的调查对象过去 12 个月参加的活动情况

类　型	响应最高	响应次之	第三响应
一线城市	户外体育运动（53.16%）	参观植物园（51.96%）	参观博物馆（45.16%）
二线城市	参观植物园（56.60%）	户外体育运动（52.43%）	阅读（非教科书类）（45.83%）
活　跃	参观植物园（64.40%）	户外体育运动（56.57%）	参观博物馆（50.37%）
不 活 跃	户外体育运动（40.77%）	玩电子游戏（40.59%）	阅读（非教科书类）（39.49%）

3. 公众对自然和自我的认知情况

62.14% 的受访者认为自己比较了解和非常了解自然，也有 2.93% 的受访者表示并不了解自然（图 3-10）。与 2020 相比，受访公众对自然的了解程度有所加深。在对待自然和自我的态度中，受访者总体对自然、自然活动和健康的态度是积极的（图 3-11）。

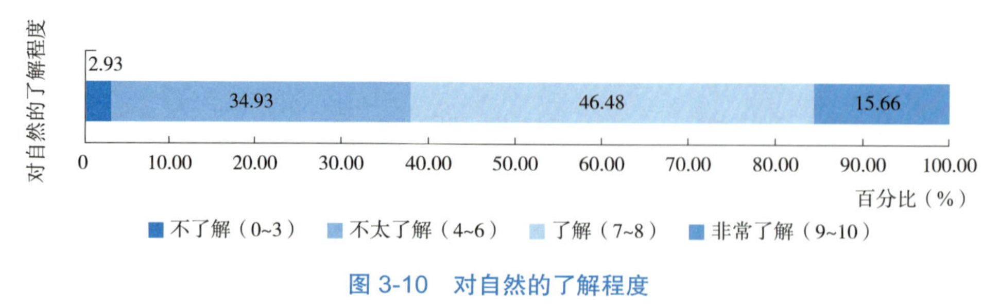

图 3-10 对自然的了解程度

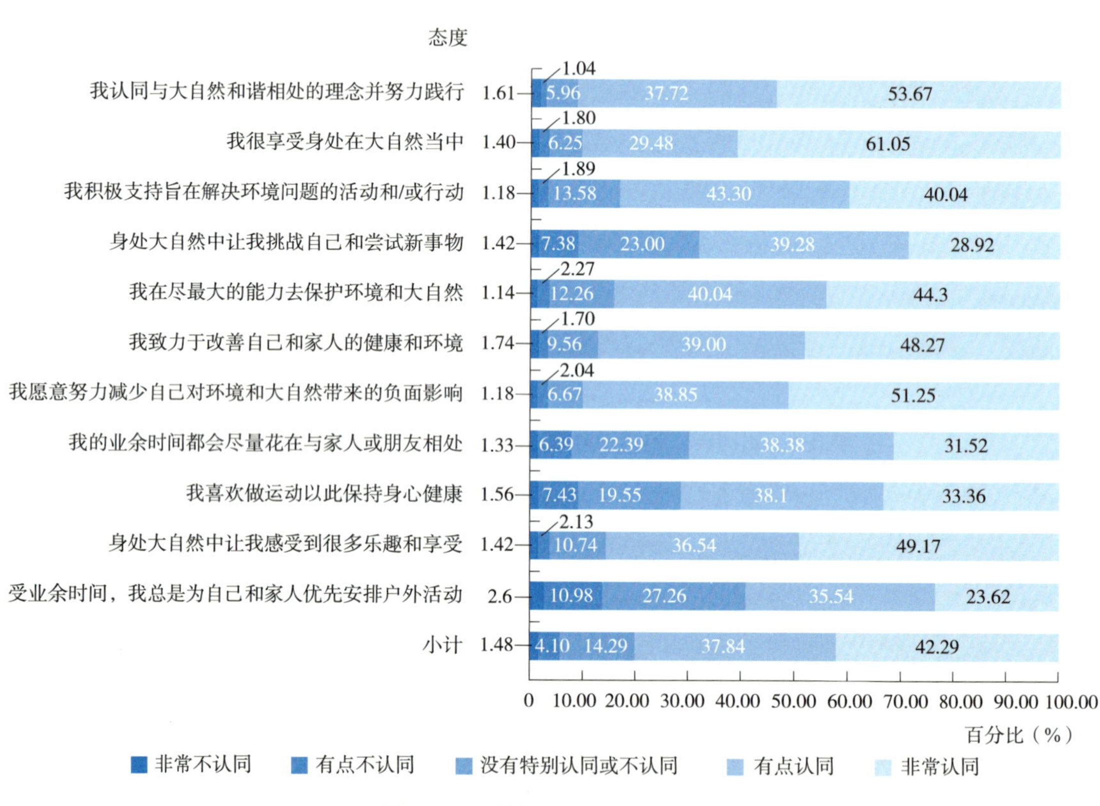

图 3-11 对待自然和自我的态度

四、对自然教育的认识和参与程度

1. 对自然教育的了解程度

参与调研的公众中，有 55.37% 的受访者认为自己比较了解和非常了解自然教育，相比对自然的了解程度而言稍少（图 3-12），与 2020 年相比，公众对自然教育的了解程度也略有加深。

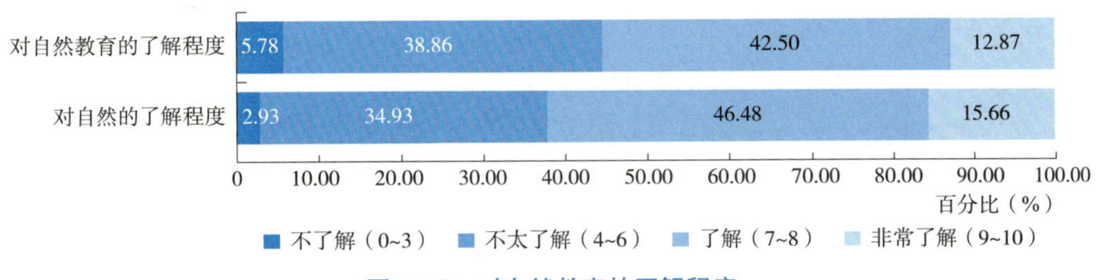

图 3-12 对自然教育的了解程度

2. 成人与儿童自然教育项目的参与度

调研结果显示，八成以上受访者及其孩子参加过自然教育活动，其中，成人和儿童参与过的自然教育活动中，参与率较高的为自然观察（成人=52.25%，儿童=56.40%），其次是自然保护地或公园自然解说 / 导览（成人=51.02%，儿童=46.03%），除此之外，在自然教育营地活动中，儿童参与的比例明显高于成人（图 3-13）。儿童参与自然教育活动的年龄段主要集中在幼儿园 / 学前班（44.59%）、小学 1~3 年级（41.67%）。较往年，儿童参与自然教育活动的主要年龄段有所前移（图 3-14）。

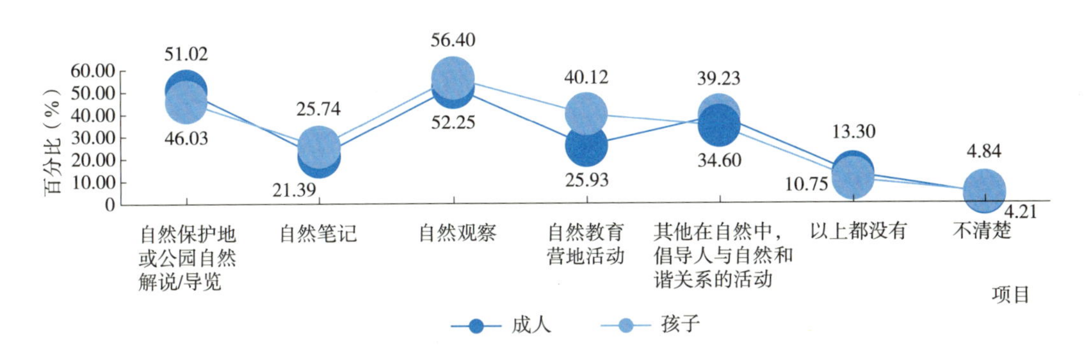

图 3-13 成人与儿童参与自然教育项目的情况

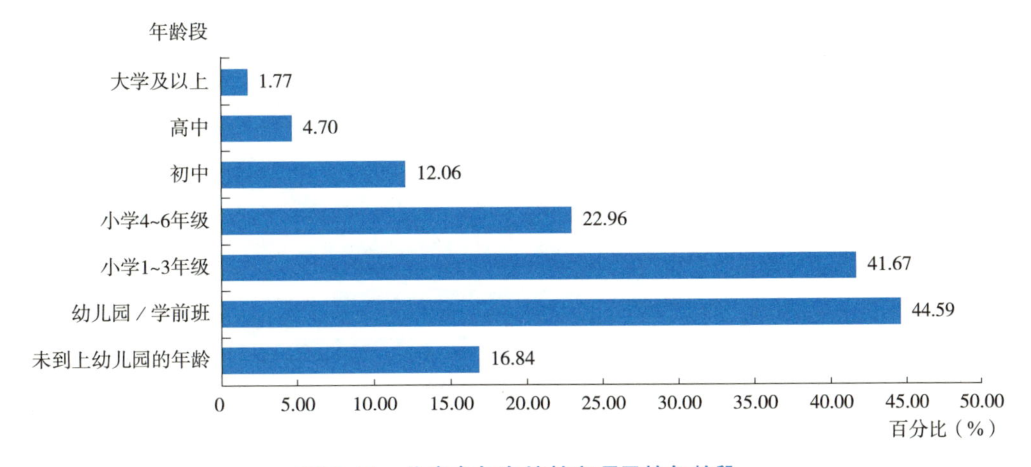

图 3-14 儿童参与自然教育项目的年龄段

3. 自然教育项目参与情况人口统计分析

在成人参与自然教育项目的调研中发现，在城市分布上，杭州（91.48%）和武汉（89.20%）的受访者参与自然教育的比例更高；在年龄分布上，26~30 岁的受访者（89.18%）参与自然教育的占比稍高于其他年龄段；在家庭月收入上，家庭月收入在 50000~99999 元的受访者（94.12%）参与自然教育的占比稍多于其他收入区间（图 3-15）。在孩子参与自然教育项目的人口统计分析中，杭州（92.45%）和武汉（91.11%）父母表示孩子参与自然教育的占比略高于其他城市；46~50 岁（90.00%）、家庭月收入在 50000~99999 元的（96.72%）的父母表示孩子参与自然教育的占比略高于其他年龄段的父母 / 收入区间（图 3-16）。

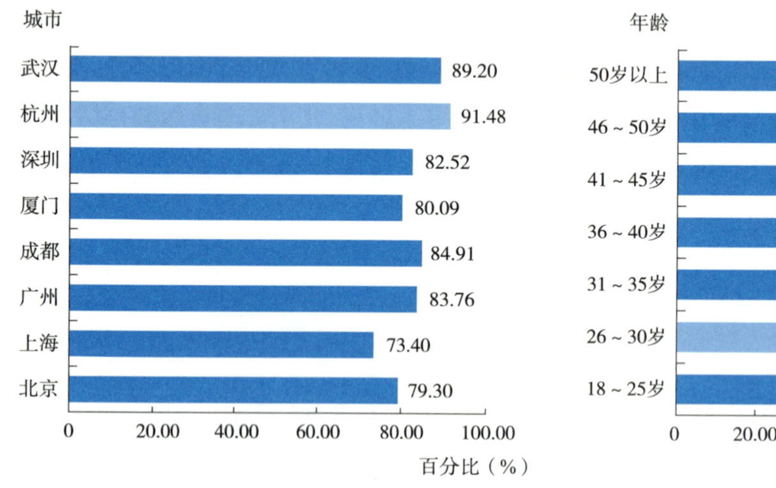

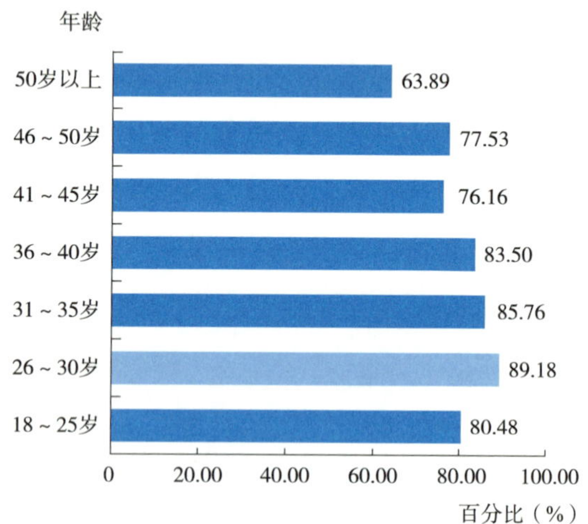

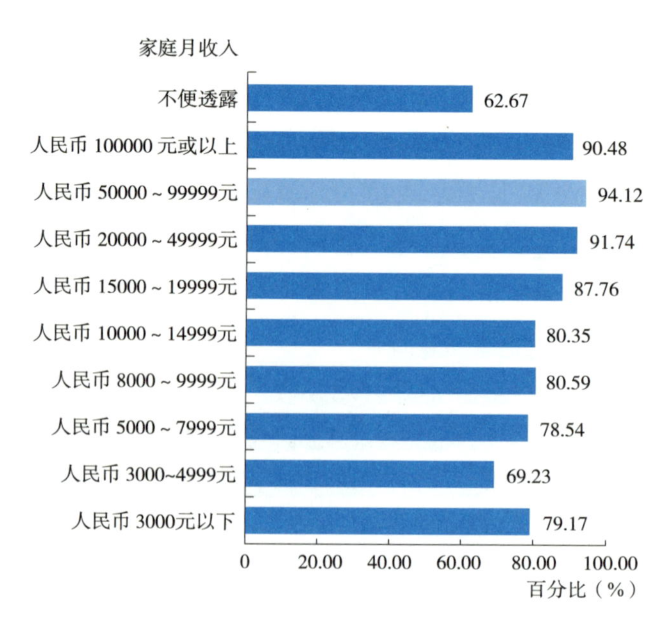

图 3-15　成人自然教育项目参与情况的人口统计分析

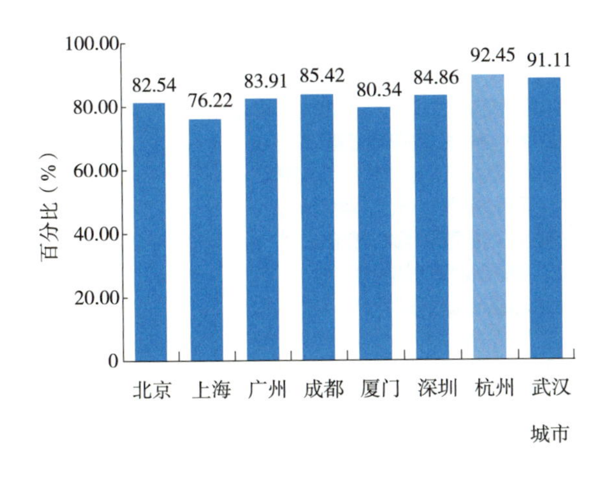

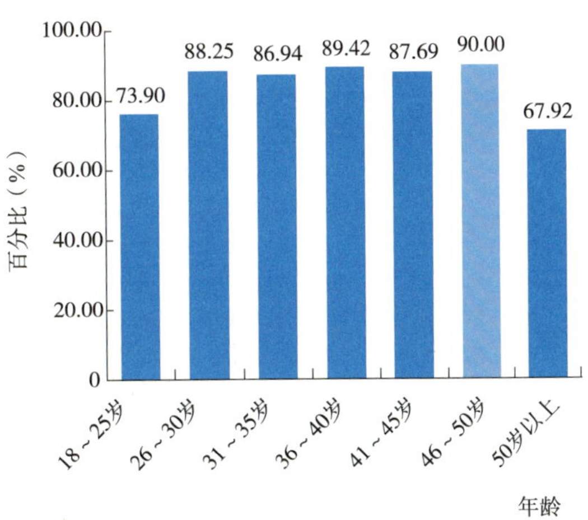

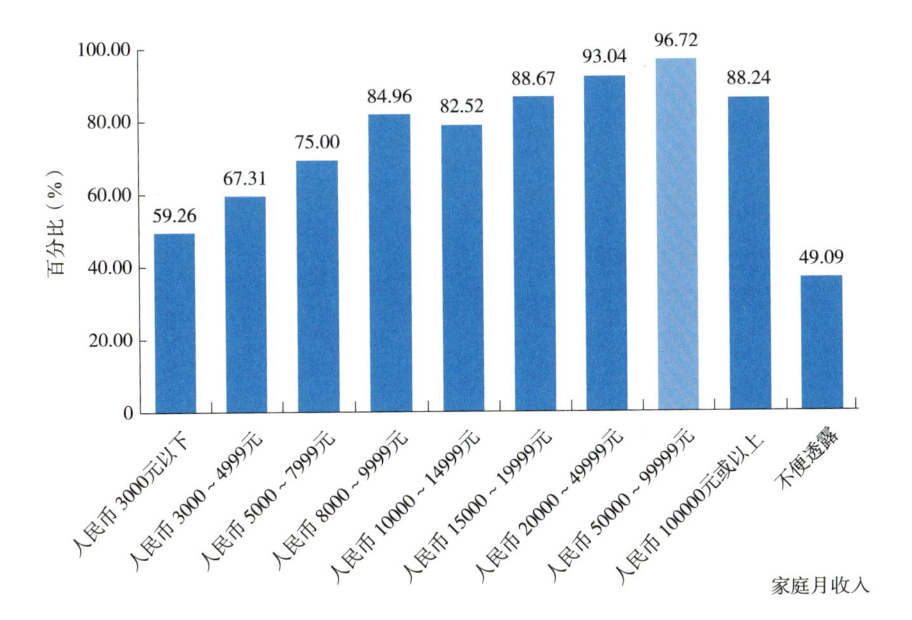

图 3-16　孩子自然教育项目参与情况的人口统计分析

五、参与自然教育的动机

在参与自然教育活动的动机调研中发现，学习与自然相关的科学知识、加强人与自然的联系，建立对自然的尊重、珍惜和热爱，以及在自然中放松、休闲和娱乐是参与调研中的公众评分最高的动力选项（图 3-17）。而时间不够、工作太忙或孩子的学业太忙，活动的地点太远、对活动的安全性有顾虑则是参与调研的公众认为参与自然教育较大的阻力，对自然的不热爱、活动的付费意识则在本次调研中并不是重要阻力（图 3-18）。

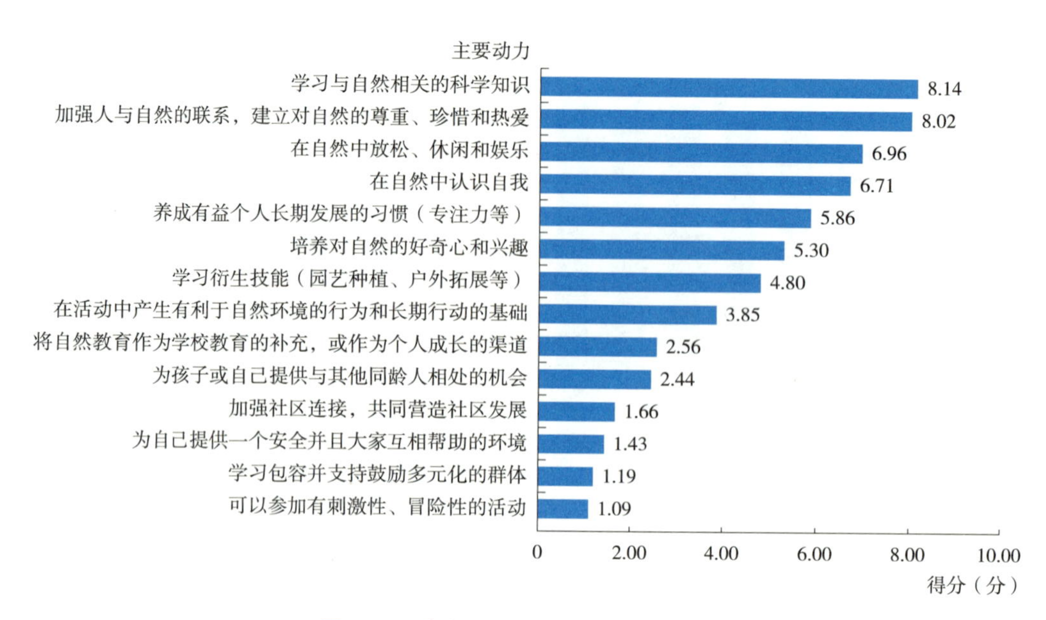

图 3-17　参与自然教育活动的主要动力

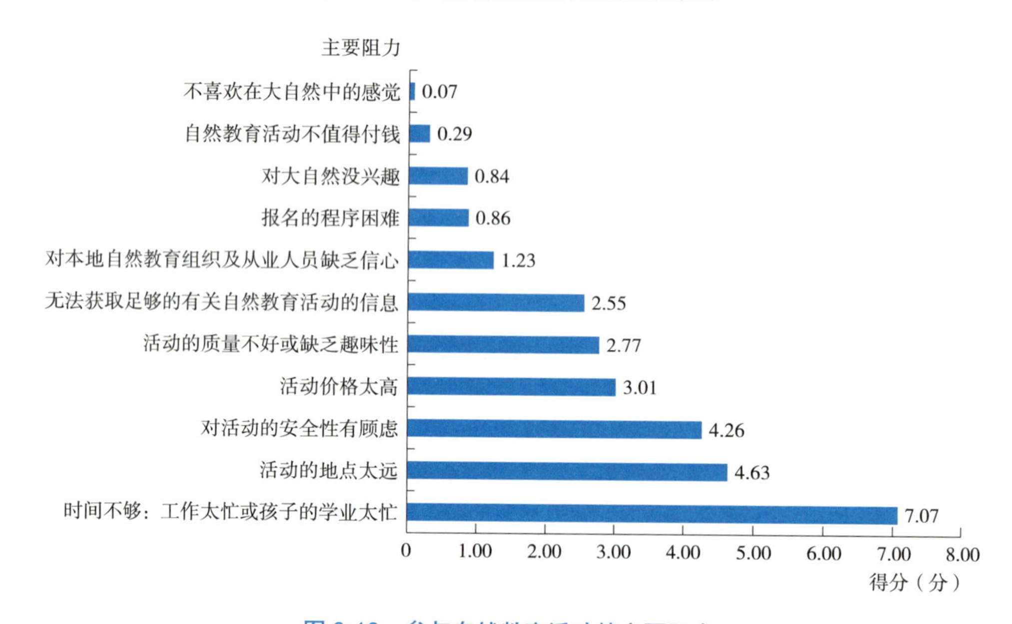

图 3-18　参与自然教育活动的主要阻力

六、关于自然教育活动的成效

1. 了解自然教育活动信息的渠道

59.59% 的受访者通过自然教育机构的自媒体获取自然教育活动的相关信息，除此之外，52.05% 的受访者通过朋友和家人介绍推荐，44.88% 的受访者通过孩子的学校获取相关信息。由此可见，自然教育活动信息的获取主要依赖于自媒体的传播及口碑传播（图 3-19）。

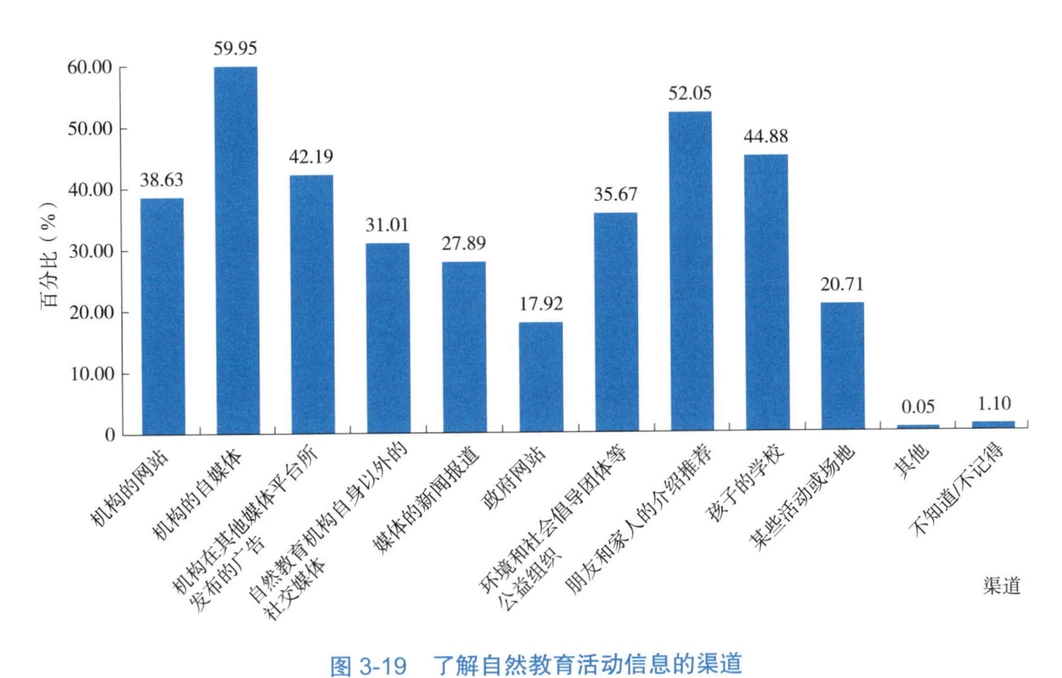

图 3-19　了解自然教育活动信息的渠道

2. 自然教育活动的满意度

调研结果显示，参与调研的公众对自然教育活动的整体满意度较高，有 60.55% 的公众为比较满意和非常满意，仅有 7.67% 的参与调研的公众对自然教育活动的整体满意度为比较不满意和非常不满意（图 3-20）。

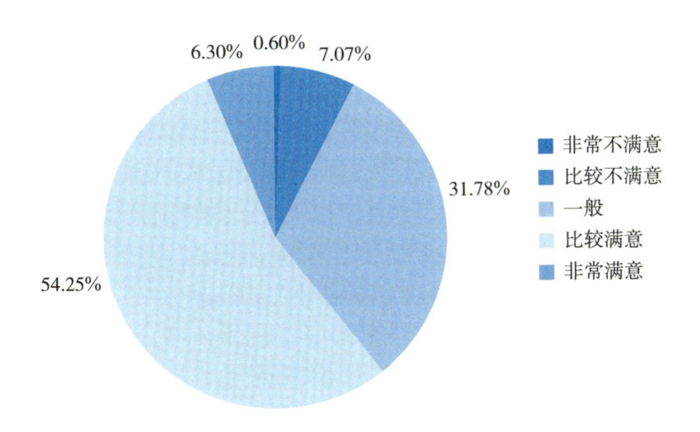

图 3-20　对自然教育活动的整体满意度

在具体满意度方面，参与调研的公众对自然教育活动中营造的良好社群氛围、课程效果、带队老师和参与者的互动、带队老师的专业性等方面的满意度较高，对后勤服务及行政管理、客户的后期维护的满意度较低，有较高的改善空间（图 3-21）。

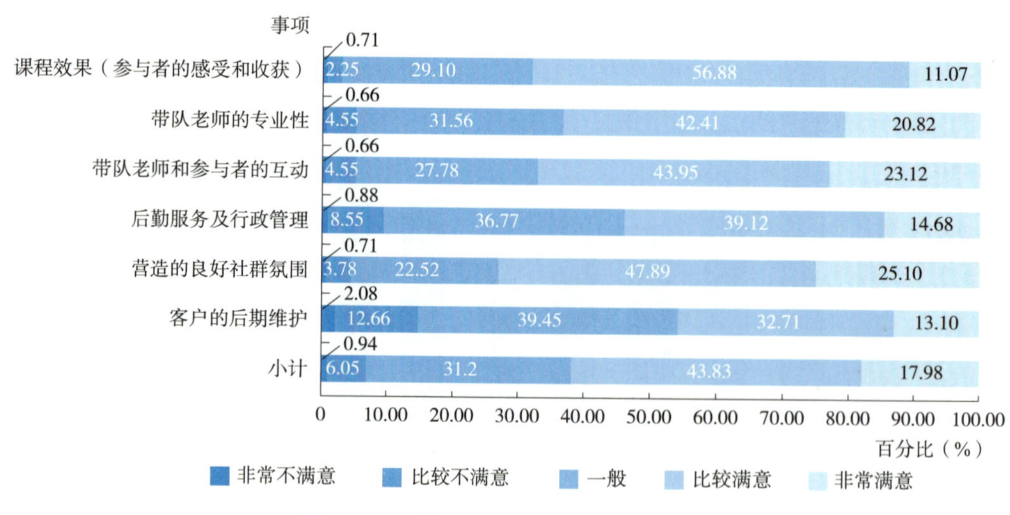

图 3-21　对自然教育活动的具体满意度

3. 自然教育的价值作用

调研结果显示，参与调研的公众认为自然教育能够提升参与者对大自然和保护大自然的兴趣（77.15%）、能够加强参与者对环境的关注（75.95%），能够增强参与者的独立能力（66.03%）。而在增强领导才能、培养同情心、让孩子更加机智方面，超过 3/4 的参与调研的公众认为自然教育无法在这些方面提供帮助支持（图 3-22）。

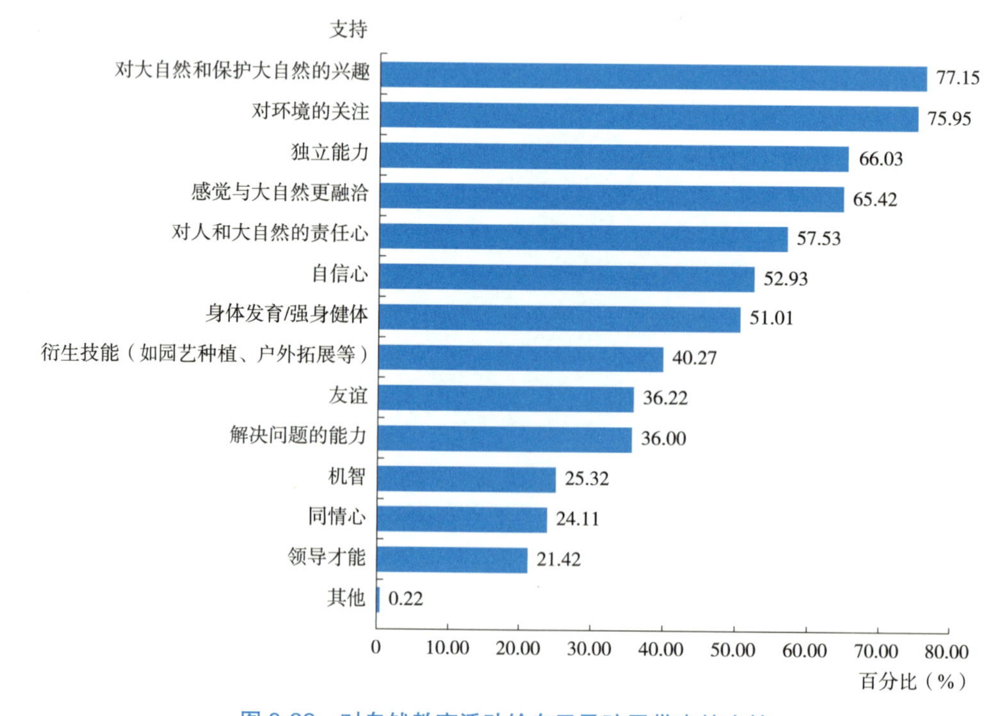

图 3-22　对自然教育活动给自己及孩子带来的支持

七、参与自然教育的偏好和意愿

1. 感兴趣的自然教育活动类型

参与调研的公众感兴趣的自然教育活动类型中评分最高的为大自然体验类活动（5.09 分，最高 7 分），即在大自然中嬉戏，体验自然生活；其次是博物、环保科普认知类（3.41 分），即了解动植物或环境等相关科普知识；而专题研习及工艺手作类的评分较低，参与调研的公众对该类自然教育活动的兴趣不大（图 3-23）。

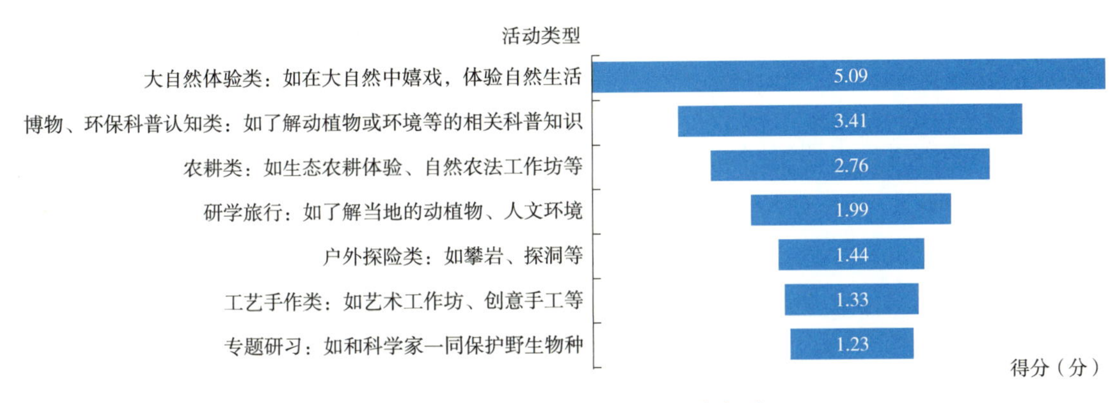

图 3-23　感兴趣的自然教育活动类型

2. 期待的价格及愿意支付的金额

在期待的价格方面，调查结果显示，参与调研的公众中 27.64% 的受访者期待儿童 / 学生活动的价格在 200~300 元 /（人 · 天），25.70% 的受访者期待成人活动的价格在 100~200 元 /（人 · 天）（图 3-24）。有超过 5%，不足 10% 的受访者期待参与免费的自然教育活动。在未来 12 个月计划投入的消费金额方面，有 77.00% 的受访者有意向投入 3000 元以内，其中，有 23.90% 的受访者有意向投入的金额为 500 元及以下或免费（图 3-25）。

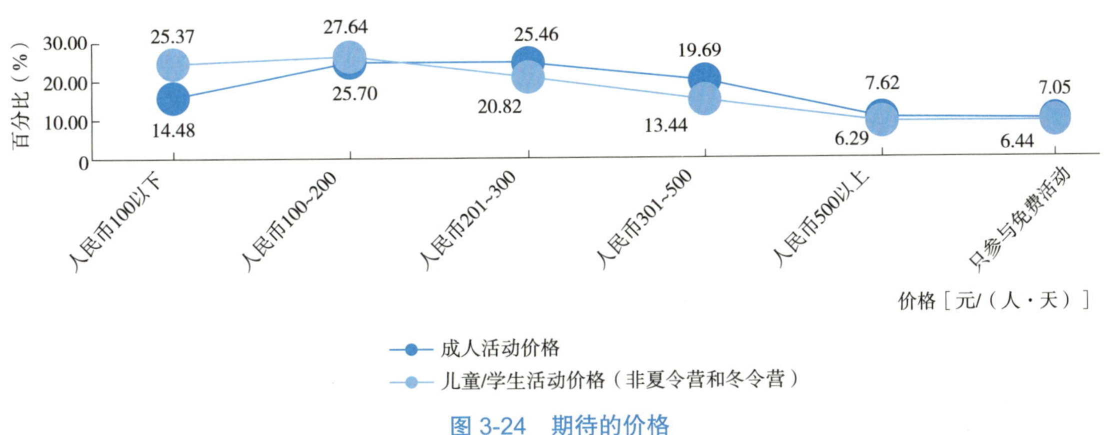

图 3-24　期待的价格

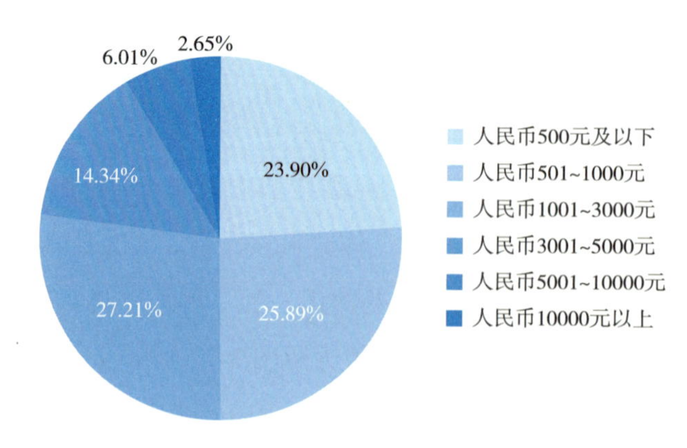

图 3-25 未来 12 个月愿意投入的消费金额

一、二线城市对于期待的自然教育活动价格总体走向相仿，其中，无论是针对成人活动价格还是儿童 / 学生活动价格，二线城市更倾向于付更高的价格。在成人自然教育活动价格高于 300 元 /（人・天）的占比中，二线城市（29.98%）高于一线城市（25.46%）4.52%（图 3-26）。儿童 / 学生自然教育活动价格高于 300 元 /（人・天）的占比中，二线城市（20.95%）比一线城市（18.89%）高 2.06%（图 3-27）。

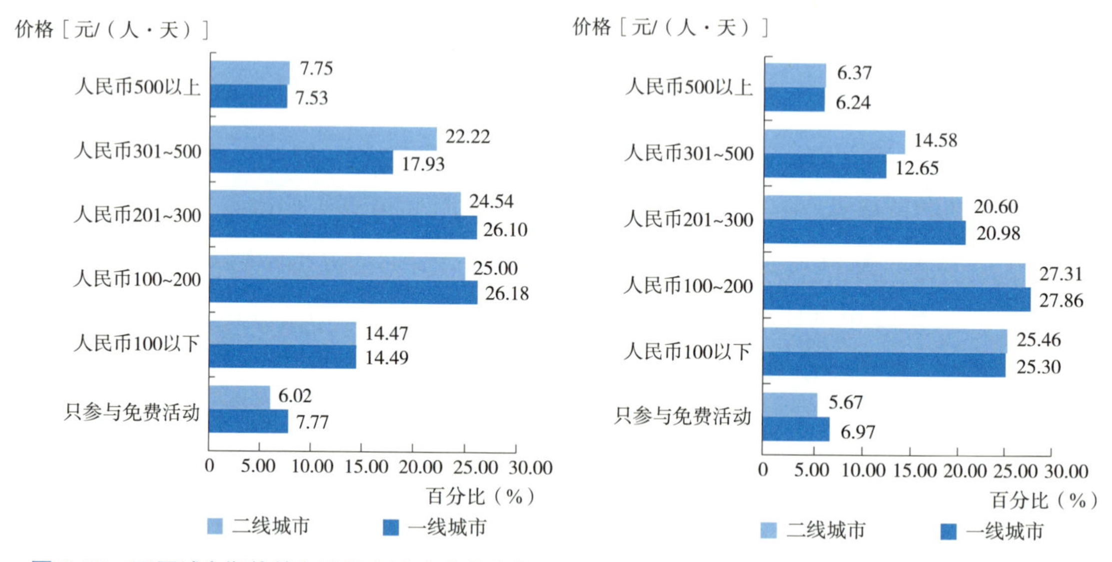

图 3-26 不同城市期待的自然教育活动成人价格　　图 3-27 不同城市期待的自然教育活动孩子价格

一、二线城市参与调研的公众对于未来 12 个月有意向投入的消费金额方面，一线城市的受访者更有意向投入的消费金额区间在人民币 500 元及以下（24.98%）和人民币 1001~3000 元（28.66%），而二线城市的受访者相比一线城市受访者更有意向投入的消费金额区间在人民币 501~1000 元（图 3-28）。

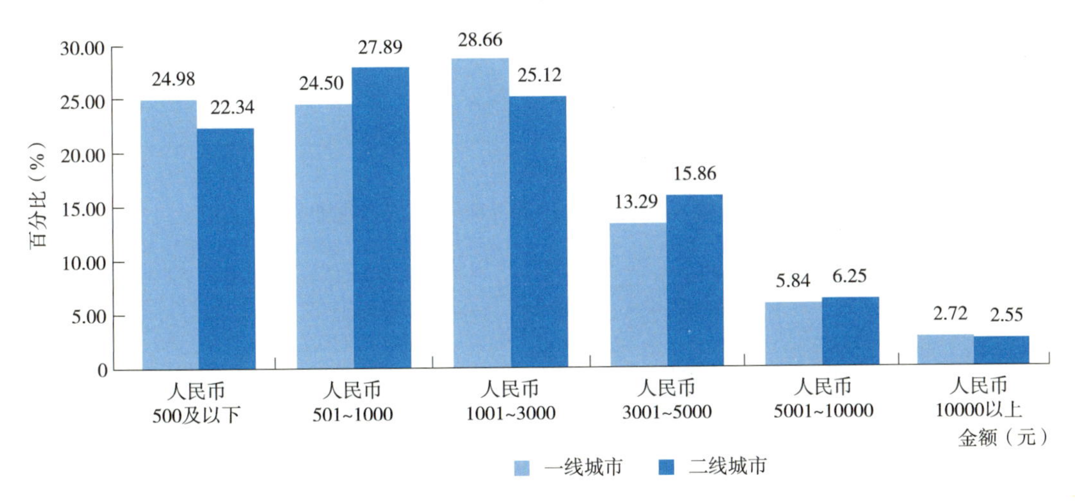

图 3-28　不同城市公众计划投入的消费金额

3. 预期参与自然教育的频率及可能性

在未来 12 个月参与自然教育的频率方面，参与调研的公众更倾向于每个季度 1 次（34.22%）或每个月 1 次（17.42%），活跃度不高（图 3-29）。有 76.86% 的参与调研的公众未来 12 个月有可能参与自然教育活动，其中 30.81% 的受访者未来 12 个月非常可能参与自然教育活动（图 3-30）。

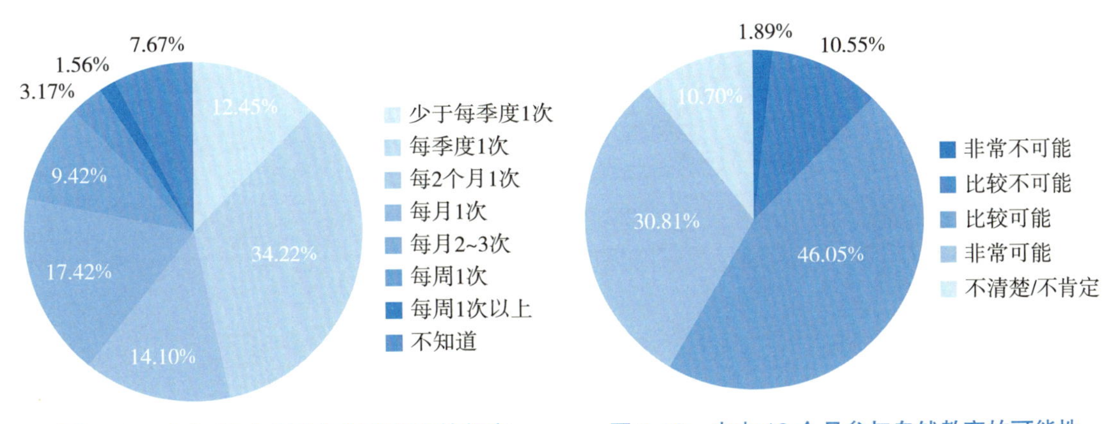

图 3-29　未来 12 个月参与自然教育的频率　　图 3-30　未来 12 个月参与自然教育的可能性

4. 影响选择自然教育的关键因素

在选择自然教育课程时，参与调研的公众更加看重活动 / 课程是否对孩子成长有益（33.65%），其次是课程主题和内容设计（25.70%）、指导教练或领队老师的素质和专业性（25.56%），受访者更加注重课程 / 活动内容本身，对自然教育导师的依赖度较高（图 3-31）。

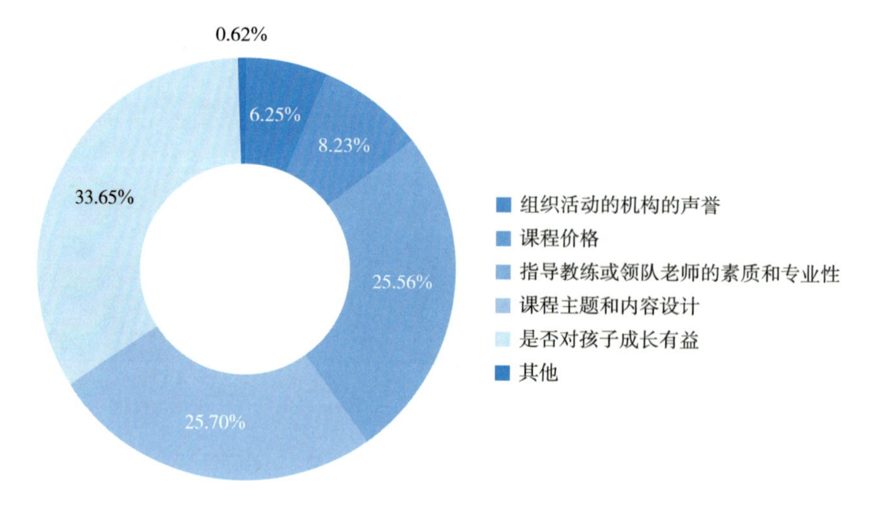

图 3-31　影响选择自然教育的关键因素

第四章
专题研究——基于自然保护地的自然教育基地（学校）开展自然教育的分析报告

一、研究设计与实施

自然保护地是我国生态文明建设与生物多样性保护的主要载体。2019 年，中共中央国务院颁布《关于建设国家公园为主体的自然保护地体系的指导意见》，强调“为全社会提供科研、教育、体验、游憩等公共服务”是自然保护地的核心功能之一。同年，国家林业和草原局发布《关于充分发挥各类自然保护地社会功能，大力开展自然教育工作的通知》将自然教育定位为“林业草原事业发展的新领域、新亮点、新举措”，强调要“大力提高对自然教育工作的认识，努力建设具有鲜明中国特色的自然教育体系”。随后，全国 305 家单位倡议依托中国林学会成立全国自然教育总校（中国林学会自然教育委员会），并向首批 20 个自然教育学校（基地）授牌。截至 2021 年，全国自然教育总校（中国林学会自然教育委员会）已经审核通过 230 家自然教育学校（基地）。

以自然保护地为主的自然教育基地（学校）逐渐成为开展自然教育、提供自然教育场域的重要构成部分。针对自然保护地为主的自然教育基地（学校）开展自然教育的分析，旨在通过样本了解以国家公园、自然保护区、自然公园为主的，也包括部分植物园、自然保护小区等在内的自然教育基地（学校）的基本情况、开展自然教育的情况，以及目前面临的挑战和期待。

此次调研主要通过定量问卷调查进行，以 2020 年自然教育从业者及机构的调查问卷为基础，并结合自然保护地的属性进行修订补充，确定调查问卷最终版本《中国自然教育发展调研 2021——自然教育从业者及机构的调研问卷》。通过选项筛选出具有自然保护地属性的答卷，并进行分析。从 328 份有效的自然教育机构的答卷中，筛选出机构类型为国家公园、自然保护区、自然公园、保护区小区 / 保护地类型的答卷 79 份，占总答卷的 24.09%。

因为时间、资金和人员方面的局限性，报告的研究设计亦存在一些不足。例如，总体样本体量较小，仍无法开展全面的普查；虽然增加深度访谈，但调研的面仍有待拓展；当年数据与往年数据的一致性和可比性仍有待加强；调查主要通过互联网进行，围绕全国自然教育涵盖的行业范围拓展，样本的代表性有待加强。

关于分析报告中的数据呈现，除非另有说明，报告中的图表数字均表示百分比，保留两位小数，受四舍五入影响，总百分比相加可能不等于 100%。由于问卷中有多项选择题，个案百分比 = 回答次数 / 人数，即选择该选项的人次在所填写人数中所占的比例，故对于多选题的个案百分比加总超过 100%。排序题目采用选项平均综合得分的方式呈现，具体计算方式为选项平均综合得分 =（Σ 频数 × 权值）/ 本题填写人次。权值由选项被排列的位置决定。例如，有 3 个选项参与排序，那排在第一个位置的权值为 3，第二个位置权值为 2，第三个位置权值为 1。例如，一个题目共被填写 12 次，选项 A 被选中并排在第一位置 2 次，第二位置 4 次，第三位置 6 次，那选项 A 的平均综合得分 =（2 × 3+4 × 2+6 × 1）/12= 1.67 分。

二、研究基础

1. 自然教育基地（学校）界定

本次调研的对象以保护地为主，涵盖国家公园、自然保护区、自然公园，也包括部分植物园、自然保护小区 / 保护地等。

2. 调研对象的基础情况（*n*=79）

（1）地理分布

参与调研的自然教育基地（学校）共计 79 家，来自全国 25 个省（自治区、直辖市），其中，四川占比最高（12 家，15.19%），其次是广东（11 家，13.92%），再次是湖北（6 家，7.59%）、福建（5 家，6.33%），其他省份参与调研的自然教育基地（学校）数量相对均衡，目前缺值的为西藏、宁夏、贵州、山西、天津、海南、香港、澳门、台湾（图 4-1）。

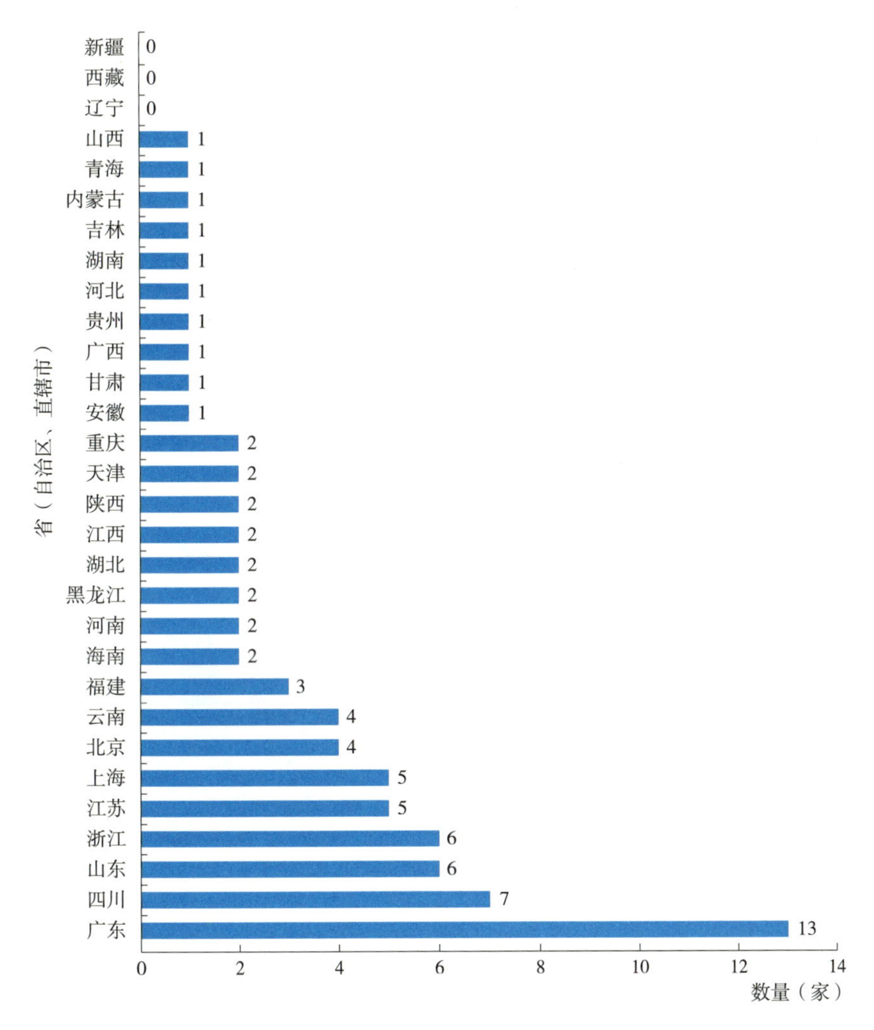

图 4-1　参与调研的自然教育基地（学校）所在地分布

（2）性质与类型

调查结果显示，参与调研的自然教育基地（学校）的注册性质主要以事业单位、政府部门及其直属机构为主，占比 45.57%，其次是注册公司或商业团体（39.24%），还有 12.66% 的受访机构注册性质为草根非政府组织（图 4-2）（其中，需要说明的是，调查显示 1.27% 的受访者注册性质为个人，以个人身份填写调查问卷，但其内容能够体现该机构的具体情况，故亦计算为有效问卷，并呈现在调查结果中）。在基地类型方面，88.61% 参与调研的自然教育基地（学校）为自然保护地，其中，自然保护区占比 46.84%、国家公园占比 13.92%、风景名胜区占比 27.85%。其次是自然学校（34.18%），即以“扎根本土、回归生活”为主要运营理念的开展自然体验活动的主体，植物园（30.38%）和公园、风景名胜区、自然保护区等机构下设立的自然教育中心（25.32%）（图 4-3）。

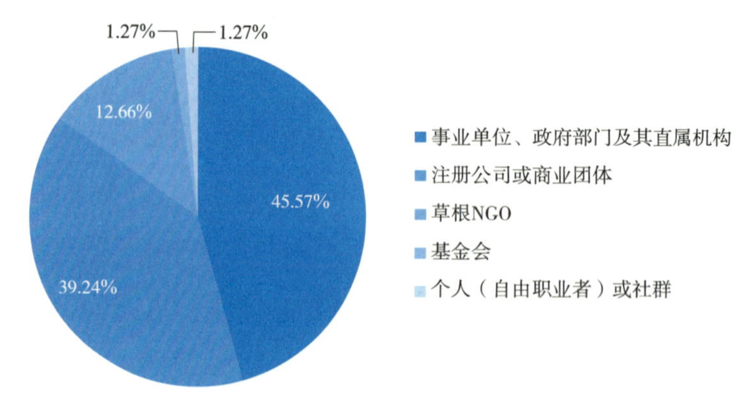

图 4-2 参与调研的自然教育基地（学校）的性质

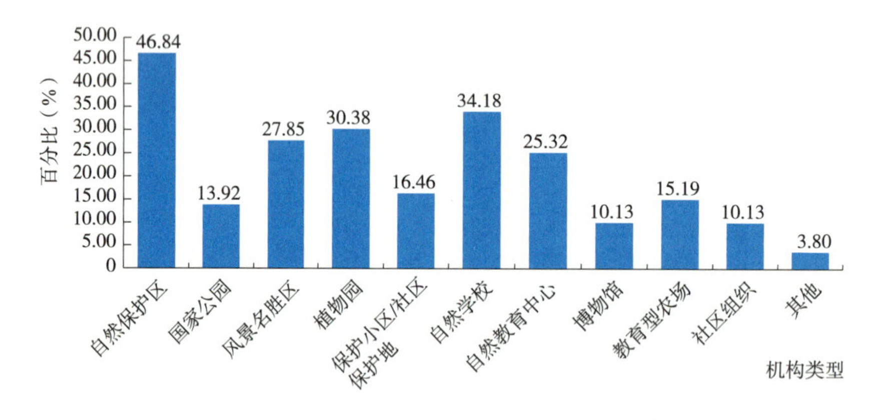

图 4-3 参与调研的自然教育基地（学校）的类型

（3）成立年限

参与调研的自然教育基地（学校）中，最早成立于 1929 年，自 2014 年开始呈现跳跃式发展，与自然教育机构的发展趋势相吻合，随着相关政策的推动，以自然保护地为主体的自然教育基地（学校）也越来越多地成立并进入社会的视野（图 4-4）。

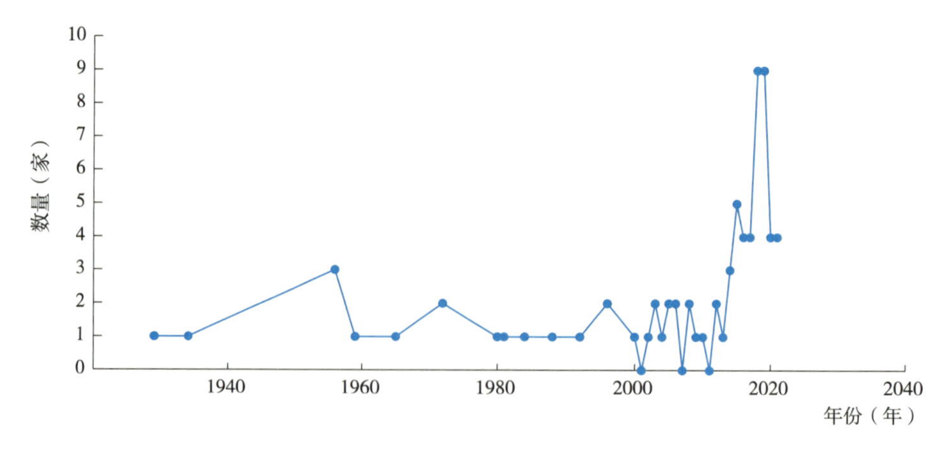

图 4-4 参与调研的自然教育基地（学校）成立年份

（4）业务内容与范围

在调研中发现，参与调研的自然教育基地（学校）在业务内容上，与自然教育机构呈现的特点一致，以自然教育活动为主体，聚焦在自创教材（68.35%）、开展系列自然教育活动（67.09%）、外聘专家（62.03%），且比重更为突出。在社群运营、市场调研、行业推动方面的工作开展较少。不同的是，参与调研的自然教育基地（学校）自创教材的比重更高，即拥有丰富自然资源的自然教育基地（学校）更倾向于在地化的开发具有自身特色的自然教育特色教材，以开展独特的自然教育活动（图 4-5）。

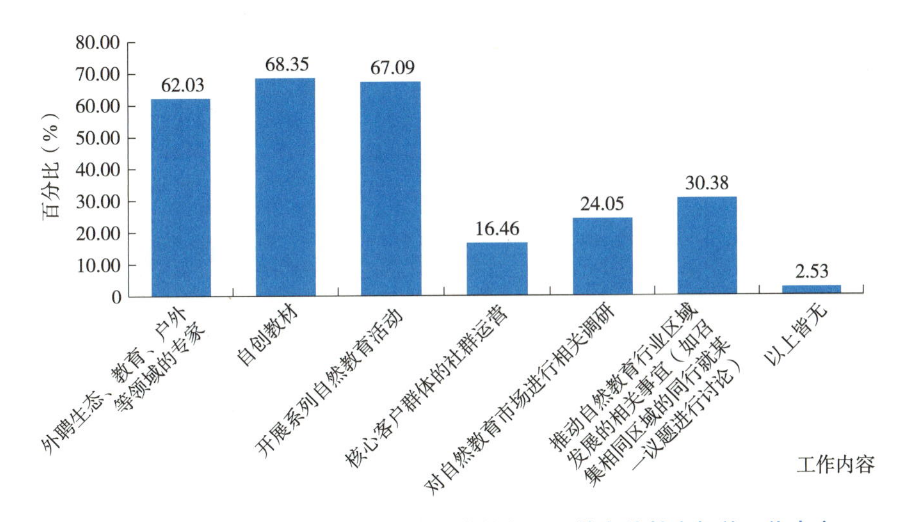

图 4-5　参与调研的自然教育基地（学校）开展的自然教育相关工作内容

在业务范围方面，63.29% 的参与调研的自然教育基地（学校）聚焦在本市 / 本地区开展业务（63.29%），有 16.46% 的自然教育基地（学校）在全国开展业务，自然教育基地（学校）的业务开展聚焦在地化的资源禀赋，但视野不局限于本地（图 4-6）。

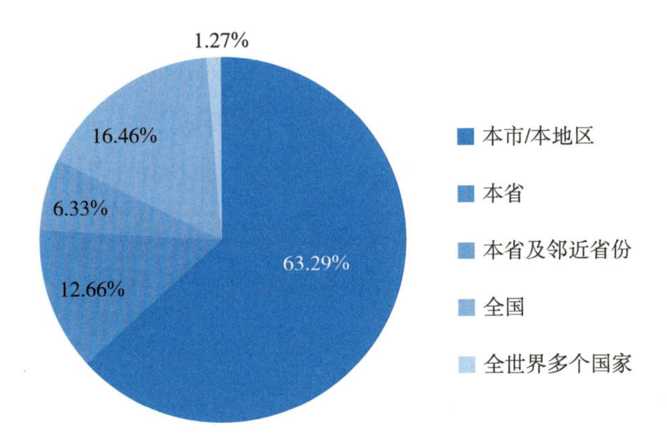

图 4-6　参与调研的自然教育基地（学校）业务范围

三、调研对象的业务情况

1. 自然教育活动的服务对象与内容

在自然教育活动服务对象方面，参与调研的自然教育基地（学校）面向团体及公众个体提供自然教育服务，其中，八成以上自然教育基地（学校）面向如政府、公司企业、同行、学校等团体类型客户提供自然教育服务，面向公众个体提供自然教育服务的自然教育基地（学校）不足七成（图 4-7）。与参与调研的自然教育机构的自然教育活动服务对象类型占比相反，自然教育基地（学校）更多的是提供面向企业用户的服务，而自然教育机构更多的是提供面向公众的服务。

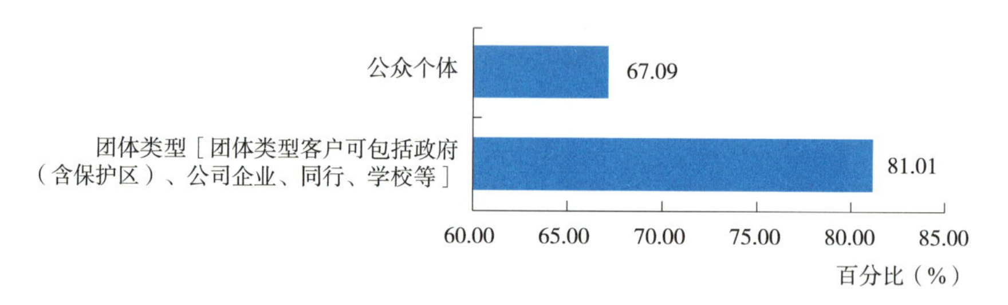

图 4-7　自然教育基地（学校）的服务人群

在为团体类型的客户提供的服务中，与参与调研的自然教育机构整体呈现的特点一致，参与调研的自然教育基地（学校）主要为小学学校团体（87.50%）提供自然教育活动（93.75%）（图 4-8、图 4-9）。除此之外，初中学校团体（53.13%）、公众自发组团的团体（46.88%）也是自然教育基地（学校）重要的团体客户（图 4-8）。提供的服务除了自然教育活动外，也提供自然教育能力培训（45.31%）、自然教育场地运营管理（34.38%）、场地租赁或基地建设（31.25%）及项目设计、课程研发等自然教育项目咨询（31.25%）等服务，在自然教育行业研究、行业网络建设方面开展较少（图 4-9）。

面向公众个体提供的自然教育服务中，参与调研的自然教育基地（学校）主要以面向亲子家庭（73.58%）与小学生（71.70%）提供自然教育体验活动 / 课程（98.11%）（图 4-9、图 4-10、图 4-11），同时也面向学龄前儿童（33.96%）、初中生（33.96%）、成年公众（30.19%）等提供自然教育的服务，面向高中生和大学生提供自然教育服务的比例较少（图 4-9）。提供的自然教育服务除了自然教育体验活动 / 课程外，还提供解说展示（67.92%），场地、设施租赁（41.51%），餐饮服务（39.62%）等，提供商品出售、住宿服务、旅行规划的自然教育基地（学校）比例较少（图 4-10）。

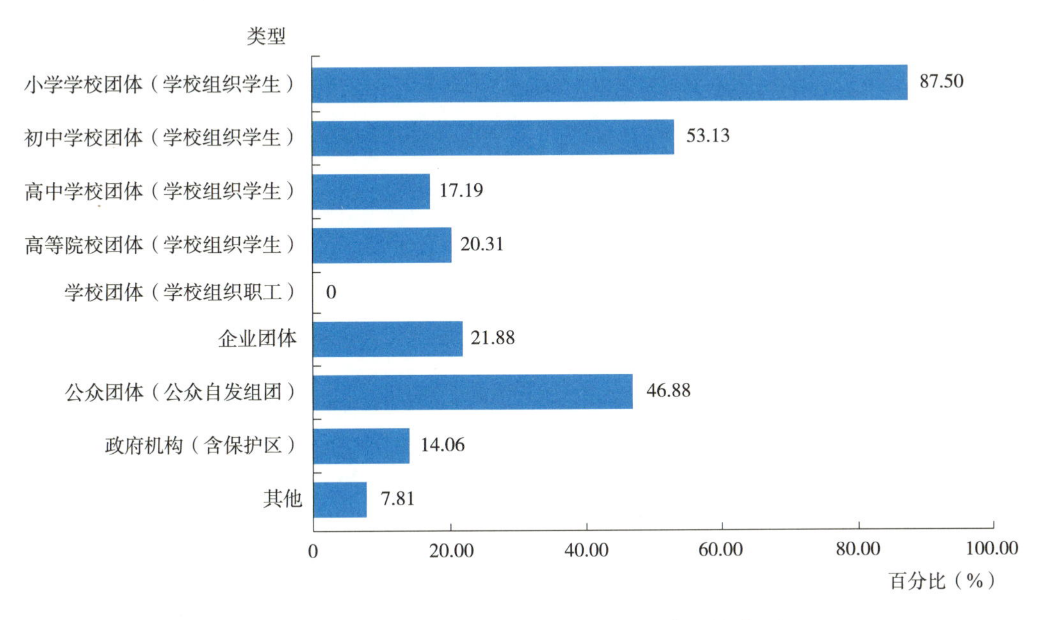

图 4-8　自然教育基地（学校）团体客户具体类型

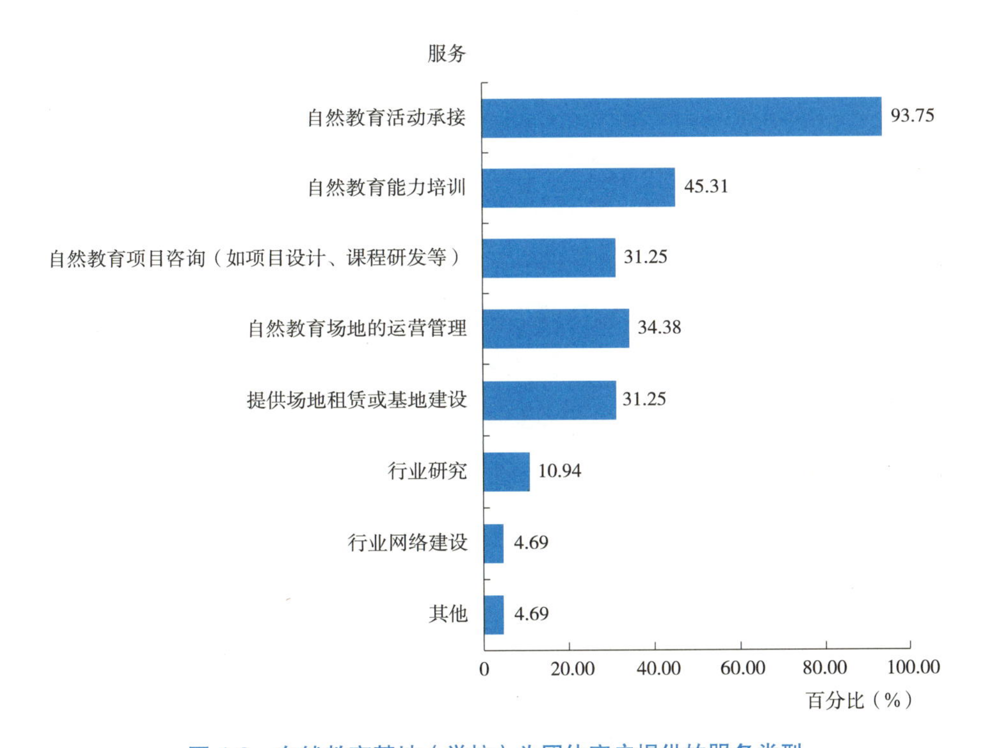

图 4-9　自然教育基地（学校）为团体客户提供的服务类型

与参与调研的自然教育机构总体的特点类似，参与调研的自然教育基地（学校）无论是面向团体类型客户还是公众个体类型客户，都聚焦在小学生及亲子家庭，以提供自然教育体验活动 / 课程为主，呈现较为明显的雷同性（图 4-11）。

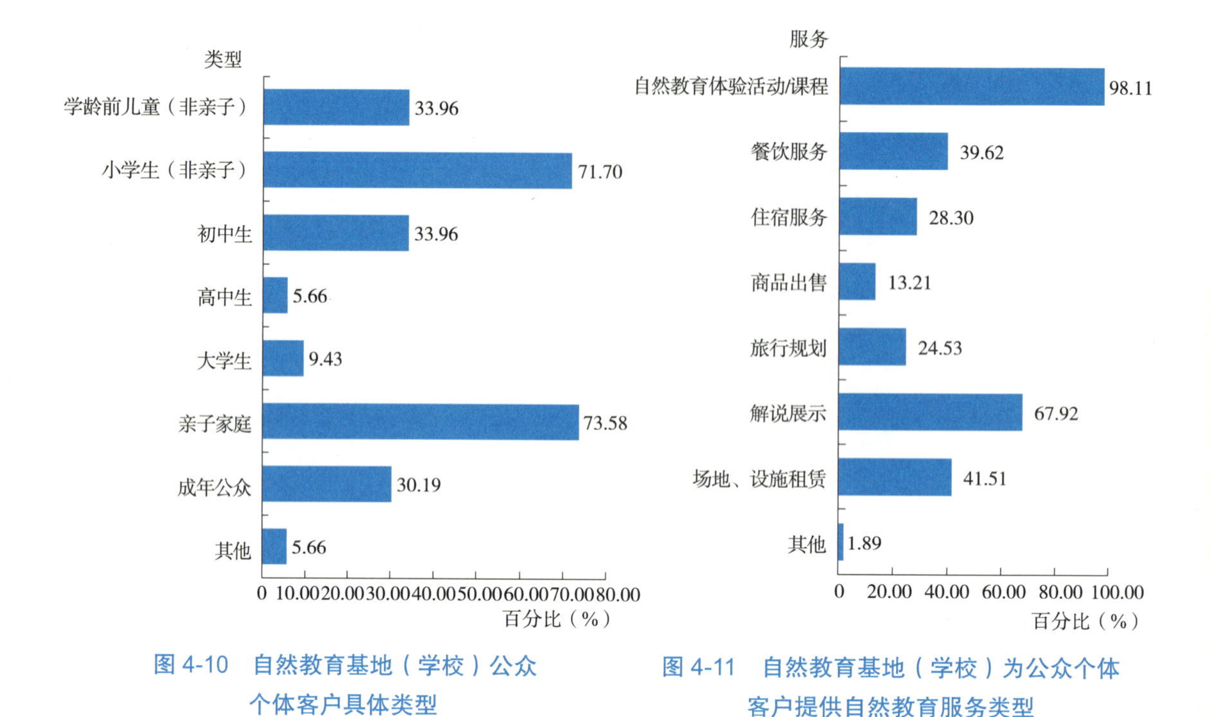

图 4-10　自然教育基地（学校）公众个体客户具体类型

图 4-11　自然教育基地（学校）为公众个体客户提供自然教育服务类型

2. 自然教育活动的次数与参与人次

在自然教育活动的频次方面，68.36% 参与调研的自然教育基地（学校）2021 年开展的自然教育活动在 30 次以内，比历年的 53.16% 增加了 15.2%，其中，31.65% 的自然教育基地（学校）开展自然教育活动的次数平均每月不足 1 次；开展自然教育活动的次数高于 30 次的自然教育基地（学校）占比较往年（46.84%）明显减少，为 31.65%，2021 年开展自然教育活动的次数明显降低（图 4-12）。在参加自然教育活动的人次方面，82.27% 的参与调研的自然教育基地（学校）2021 年参与自然教育活动的人次在 5000 人次以内，其中，少于 500 人次的自然教育基地（学校）占比达到 36.71%，比历年增加了 5.06%，在 500~1000 人次的自然教育基地（学校）占比达到 22.78%，比历年增加了 6.32%。超过 1000 人次的自然教育基地（学校）占比明显减少，伴随着自然教育基地（学校）开展自然教育活动次数的减少，参与自然教育基地（学校）自然教育活动的人数也减少，较突出的是多于 1 万人次的自然教育基地（学校）占比较往年减少了 11.39%（图 4-13）。

与参与调研的自然教育机构总体趋势相似，参与调研的自然教育基地（学校）开展自然教育活动次数较往年有所下降，大规模参与自然教育活动的人次也有所减少，疫情对自然教育活动的影响仍在继续，自然教育行业还在缓慢恢复阶段。

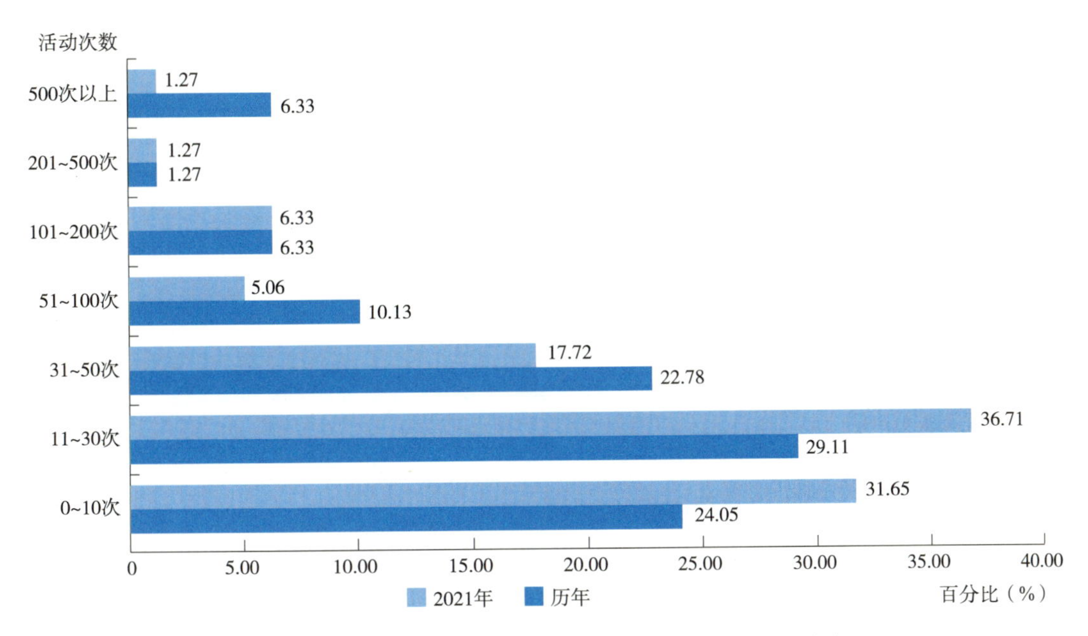

图 4-12　自然教育基地（学校）年度开展自然教育的次数

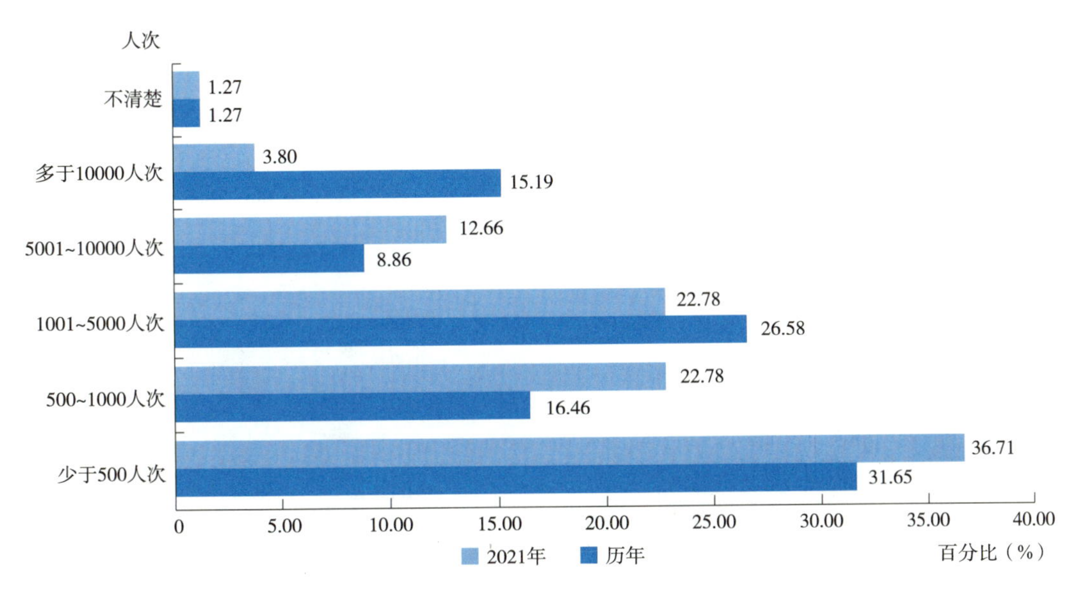

图 4-13　自然教育基地（学校）年度参与自然教育活动的人次

3. 自然教育活动客户留存率

在调研中发现，2021 年，自然教育活动的客户留存率低于 40% 的自然教育基地（学校）占 79.75%，低于参与调研的自然教育机构的平均水平，其中，客户留存率小于 20% 的机构占 40.51%，仅 6.33% 的机构客户留存率高于 60%。客户的流失率比较大（图 4-14）。

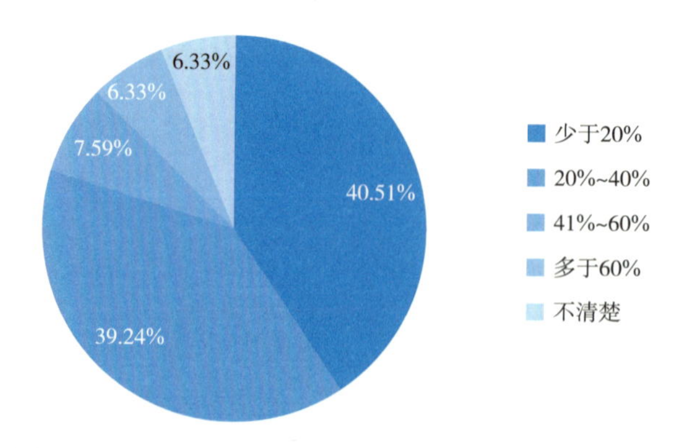

图 4-14　自然教育基地（学校）2021 年参加 2 次及以上自然教育活动的人数占比

4. 开展自然教育活动的场域

对自然教育基地（学校）场域的调查显示，参与调研的自然教育基地（学校）开展自然教育的场域类型主要是自然保护区（68.35%），其次是市内公园（40.51%）、植物园（36.71%），这与自然教育基地（学校）的类型相契合，还有 16.46% 的参与调研的机构选择其他类型的场域，主要包括学校、社区等，体现出自然保护地对周边社区社会服务的功能（图 4-15）。

在场域的所有情况方面，绝大部分参与调研的自然教育基地（学校）自有 / 自营场域，也有 16.46% 的自然教育基地（学校）以租用场地的方式开展自然教育活动（图 4-16）。

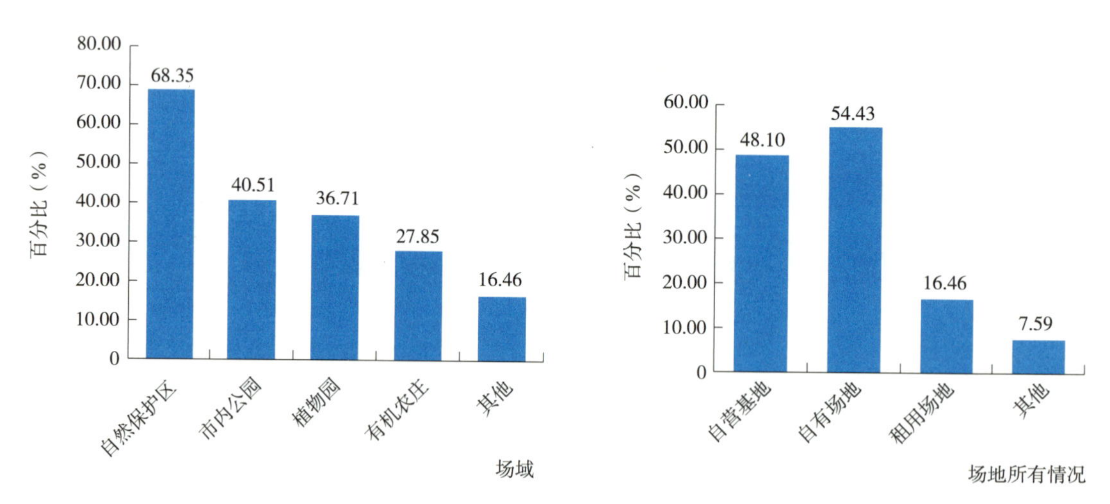

图 4-15　自然教育基地（学校）开展自然教育活动的场域

图 4-16　自然教育基地（学校）开展自然教育活动的场地所有情况

在具体的硬件设施方面，七成以上的参与调研的自然教育基地（学校）的场域中拥有场馆、导览路线、公共卫生间和休憩点等基础设施；一半左右的自然教育基地（学校）拥有观景台、木栈道、餐厅等设施；拥有宾馆等住宿场所的自然教育基地（学校）占比相对较少，为 41.43%（图 4-17）。

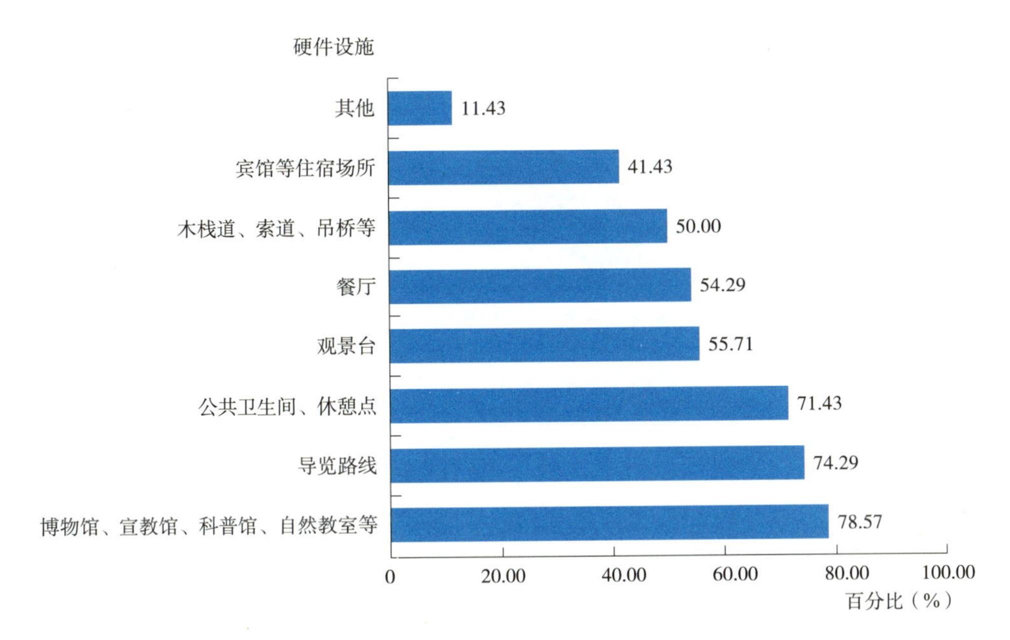

图 4-17 自然教育基地（学校）与自然教育相关的硬件设施

在场域面积方面，参与调研的自然教育基地（学校）的场域面积主要集中在 10000 平方米以上，占比 57.15%，其中，超过四成的自然教育基地（学校）的场域面积达到 10 万平方米以上（图 4-18）。而用于开展自然教育的面积占比不尽相同，超过三成的自然教育基地（学校）开展自然教育的场域占比不足 20%，这与自然保护区主体区域用于保护，开放区域有限有关，有 14.29% 的开展自然教育的场地面积超过了 90%，能基本实现全域自然教育（图 4-19）。

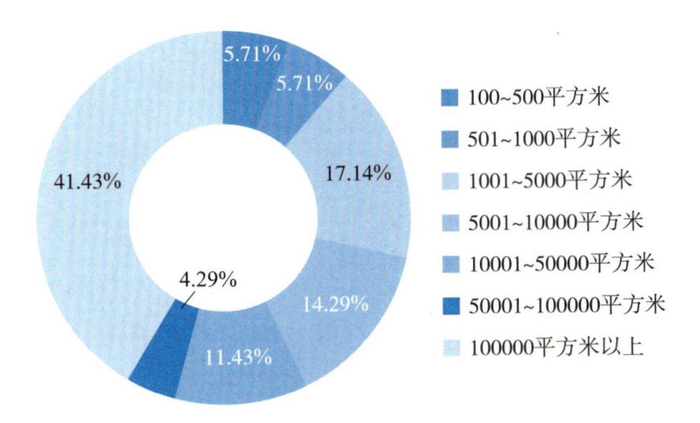

图 4-18 自然教育基地（学校）拥有的场地总面积

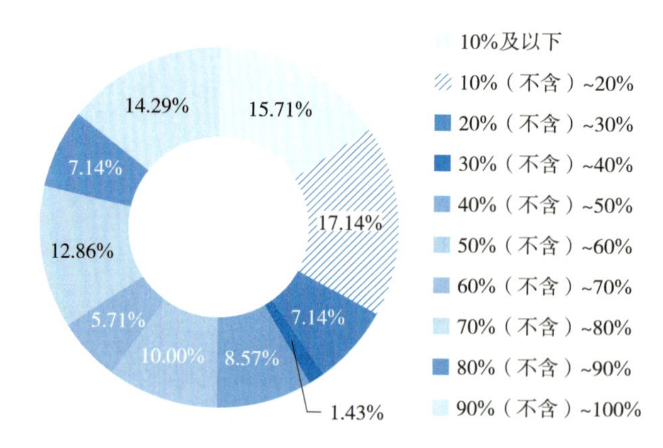

图 4-19　开展自然教育场地面积占比

5. 开展自然教育的方式、费用与评估

在开展自然教育的方式的调研中，参与调研的自然教育基地（学校）开展自然教育的方式与自然机构普遍采取的方式一致，也是主要通过自然科普 / 讲解（82.28%）、自然观察（72.15%）的方式开展自然教育；另外，采用自然艺术、农耕体验、自然游戏、户外拓展等方式的平均占比在 25% 左右，阅读和自然疗愈的选择更少，合计占比仅为 6.33%（图 4-20）。

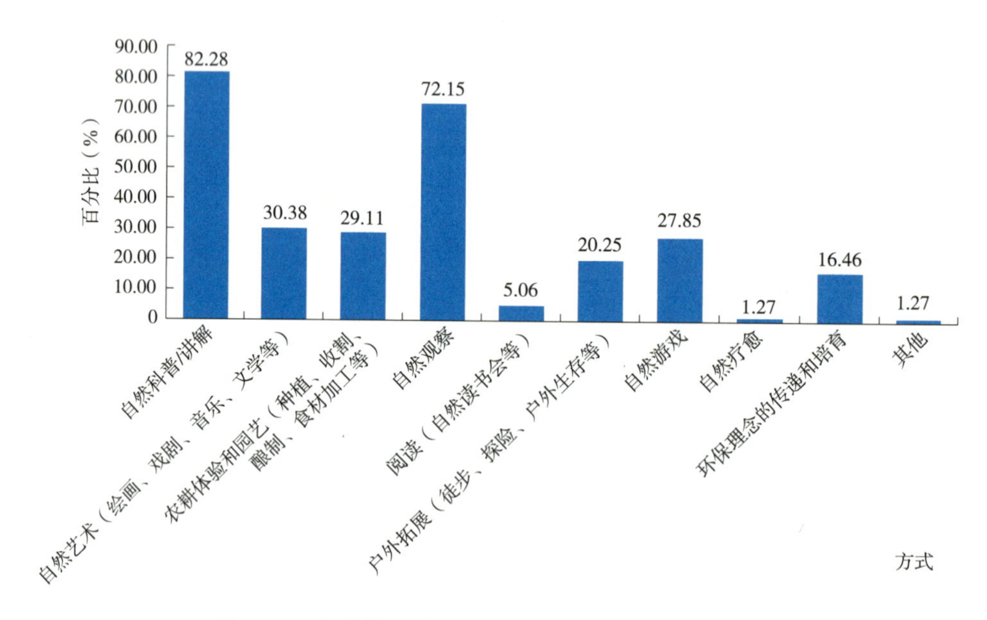

图 4-20　自然教育基地（学校）开展自然教育的方式

在提供常规本地自然教育课程（非冬夏令营）的人均费用方面，三成以上的自然教育基地（学校）提供免费的自然教育活动，这与自然保护地公益性的属性要求有关，提供收

费的自然教育活动的费用集中在 300 元以下，占比 55.70%，其中，常规本地自然教育课程（非冬夏令营）的人均费用在 201~300 元 /（人・天）区间的占比 22.78%，较在自然教育机构普遍的 100~200 元 /（人・天）的收费略高（图 4-21）。

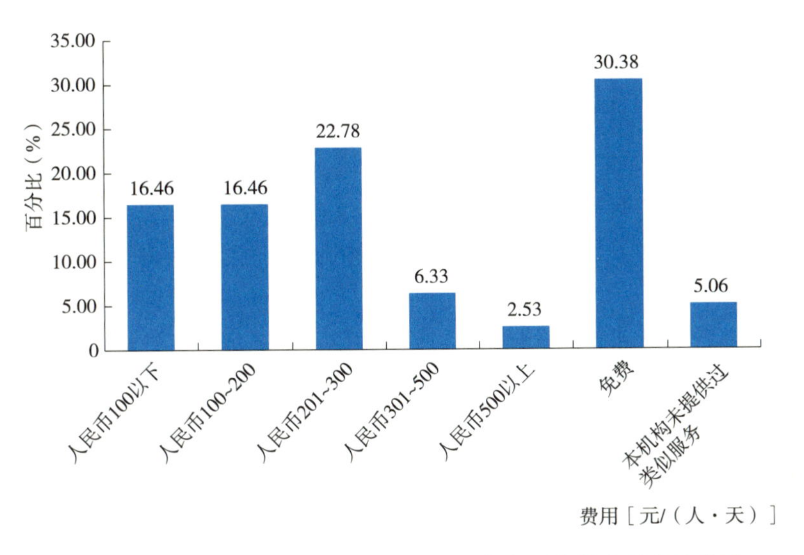

图 4-21　提供常规本地自然教育课程（非冬夏令营）的人均费用

在自然教育活动评估方面，91.14% 的参与调研的自然教育基地（学校）对自然教育活动进行过评估，其中，75.95% 的自然教育基地（学校）通过对参与者进行满意度调查来评估，除此之外，还采取对参与者进行活动前后测评（55.70%）、职员互相观察与互评（34.18%）、社交媒体信息跟踪（26.58%）等方式进行评估；仅有 3.80% 的自然教育基地（学校）通过委托专业机构进行评估（图 4-22）。

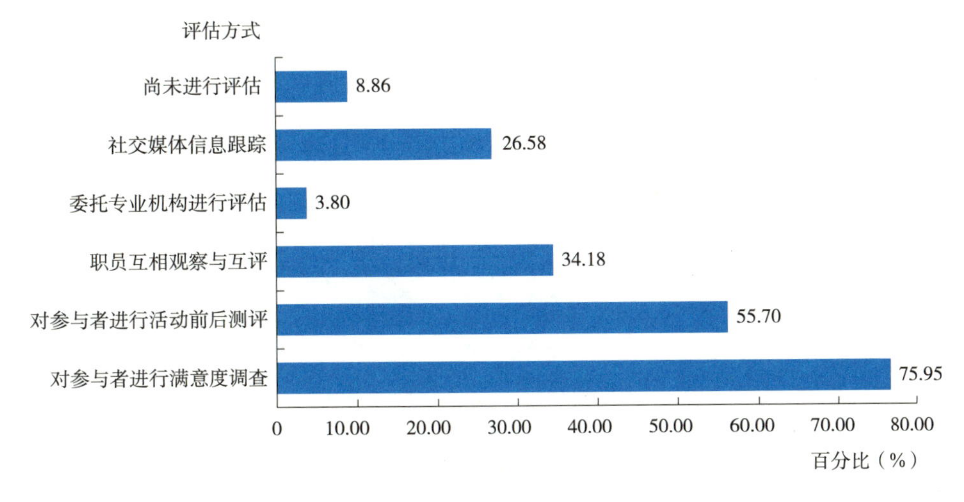

图 4-22　自然教育的评估方式

四、调研对象的资金运营情况

1. 成本与支出

在运营成本方面，参与调研的自然教育基地（学校）年度运营成本主要集中在 100 万元以下，其中，运营成本在 10 万元以下的占比略高，2020 年、2021 年均为 22.78%；自然教育基地（学校）每年的年度运营成本在保持稳定的基础上略有波动，其中，2021 年运营成本在 51 万 ~100 万元的自然教育基地（学校）占比较 2020 年高出 10 个百分点，主要来源于部分自然教育基地（学校）缩减成本投入（图 4-23）。

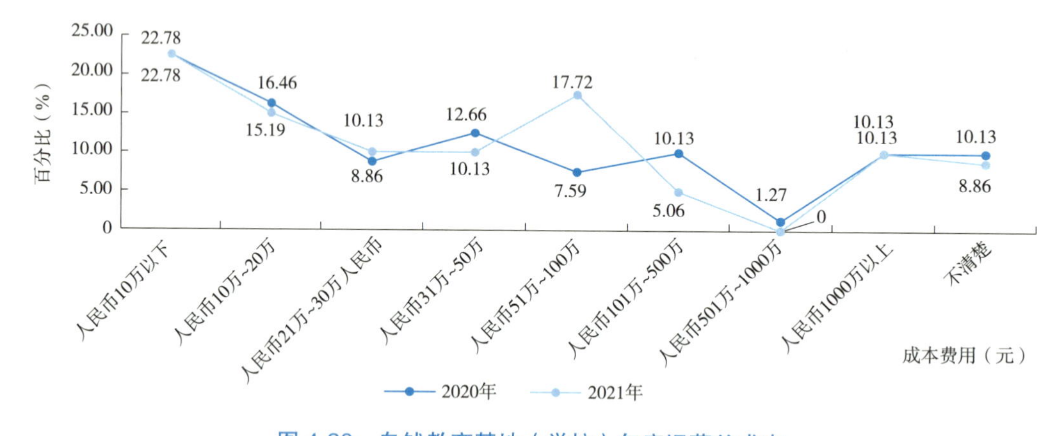

图 4-23 自然教育基地（学校）年度运营总成本

在运营成本具体支出方面，参与调研的自然教育基地（学校）2021 年与 2020 年的主要支出项目基本一致，场地提升、硬件设施购买建设、教育人员聘请、活动运营等具体的支出方面也较为均衡，但课程开发方面的投入和支出相比较少（图 4-24）。

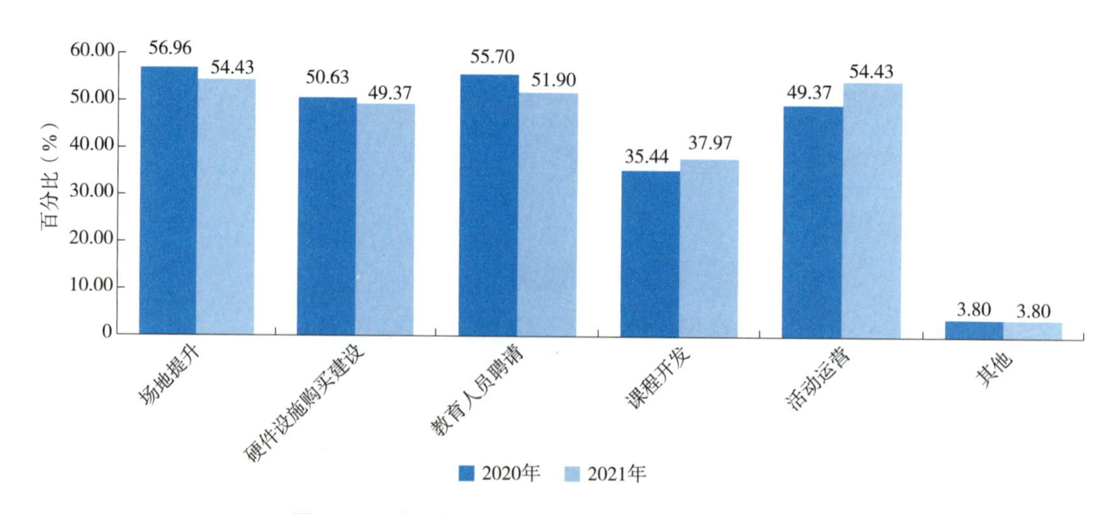

图 4-24 自然教育基地（学校）中的主要支出项目

2. 主要资金来源

在自然教育基地（学校）的主要资金来源方面，2020 年与 2021 年的参与调研的自然教育基地（学校）相比，整体占比趋势相对稳定和固定，以来自政府的专项经费为主（2021 年占比 44.30%），课程方案收入为辅（2021 年占比 27.85%），同时结合门票（2021 年占比 21.52%）、餐饮服务（2021 年占比 20.25%）及住宿服务（2021 年占比 15.19%）等配套服务（图 4-25）。对比参与调研的自然教育机构的主要资金来源方面，参与调研的自然教育基地（学校）呈现明显的特点，即依托属性及场域的特色资金优势及资金主要来源呈现明显的稳定性。

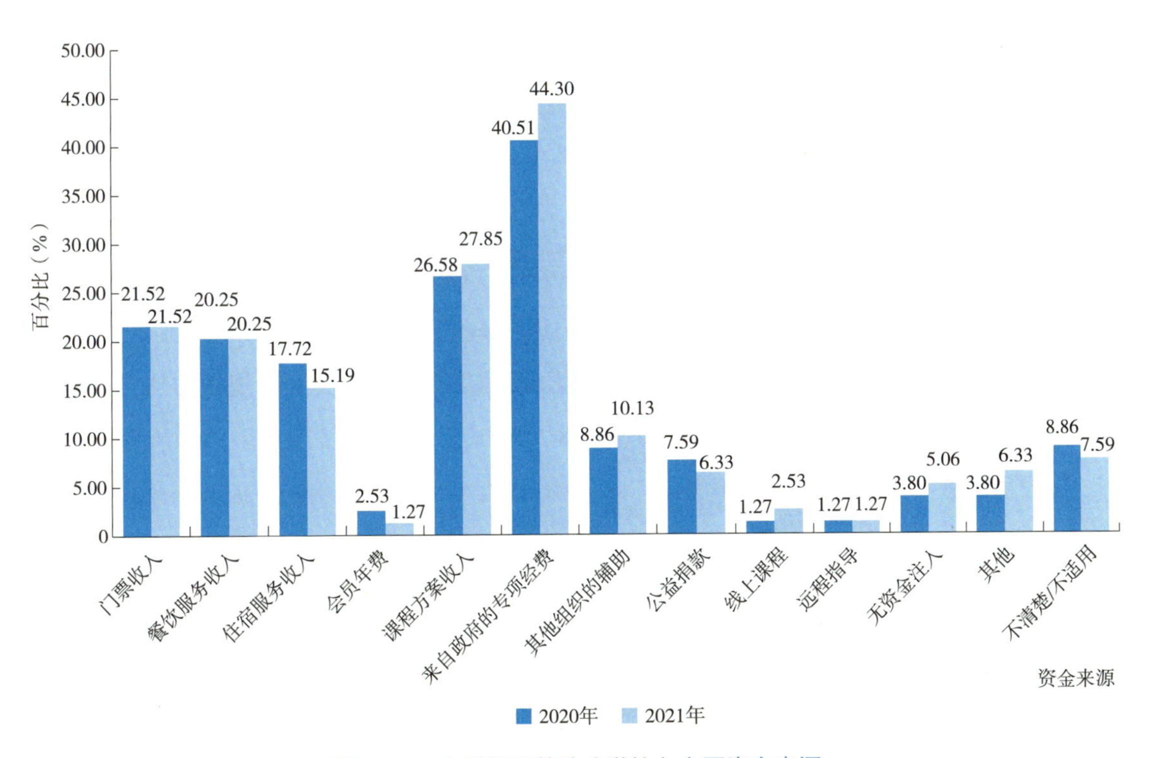

图 4-25　自然教育基地（学校）主要资金来源

3. 收益情况

在参与调研的自然教育基地（学校）的年度收益的调查中，其中有三成多的机构以政府拨款为主，面向公众提供公益性的自然教育活动，不采取营利性的活动；另外，有近七成的自然教育基地（学校）有盈亏的统计，其中 2021 年与 2020 年相比，自然教育基地（学校）盈利的占比相对稳定，但盈亏平衡的比例降低，亏损比例增加，2021 年较 2020 年亏损机构占比增加了 10 个百分点，亏损仍是主要的趋势（图 4-26）。

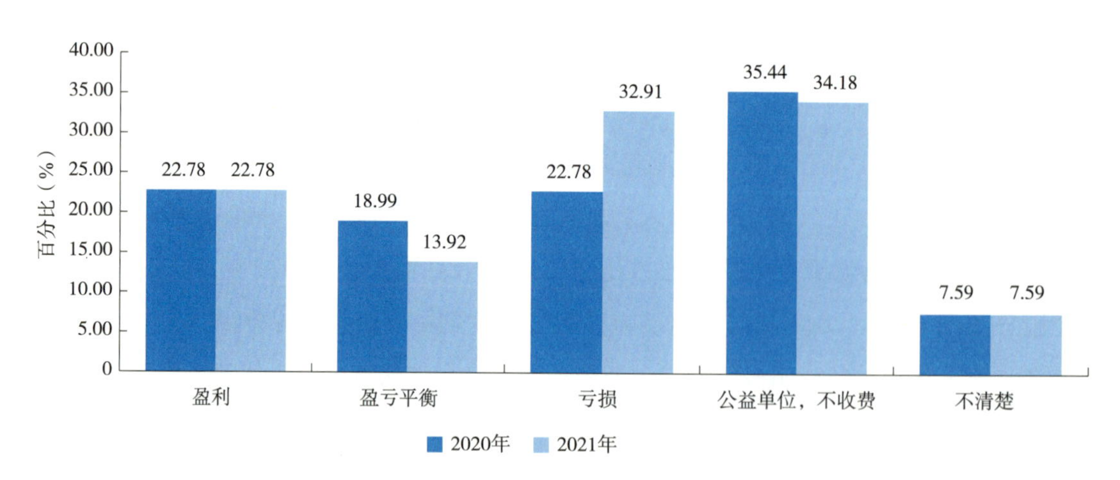

图 4-26　自然教育基地（学校）年度收益情况

五、调研对象的雇员及人才培养情况

1. 人员构成

在自然教育基地（学校）的人员构成方面，超六成的参与调研的自然教育基地（学校）的全职人员规模在 10 人及以下，20 人以上规模的自然教育基地（学校）占比 29.11%，规模总体水平在自然教育机构中偏大（图 4-27）。女性员工的规模占比分布较为均衡，以 5 人以内为主，占比 55.7%（图 4-28）。非全职员工也是构成自然教育基地（学校）的重要人力资源之一，调查显示，自然教育基地（学校）非全职员工的规模占比分布也较为均衡，20 人以上的占比相对较高，占比 26.58%（图 4-29）。

除此之外，88.61% 的参与调研的自然教育基地（学校）的自然教育团队拥有全职的自然教育导师，其中，拥有 1~2 人规模的自然教育导师的自然教育基地（学校）占比 29.11%，拥有 3~5 人规模的占比 29.11%，拥有 6~10 人规模的占比 21.52%，高于自然教

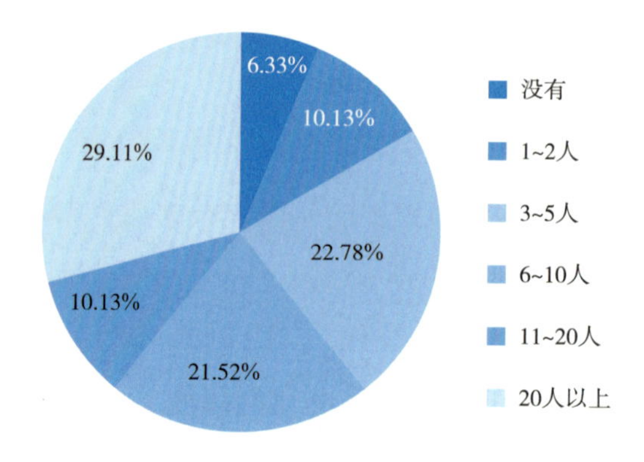

图 4-27　全职人员数量

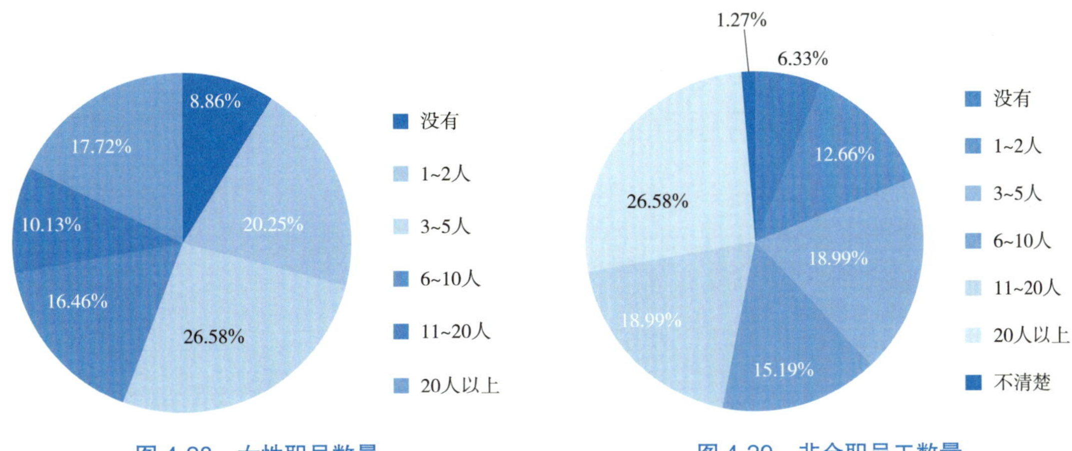

图 4-28 女性职员数量

图 4-29 非全职员工数量

育机构的普遍规模（图 4-30）。在课程研发导师方面，94.94% 的参与调研的自然教育基地（学校）拥有课程研发的导师，主要规模集中在 1~5 人，占比 79.74%，与参与调研的自然教育机构的普遍规模一致（图 4-31）。

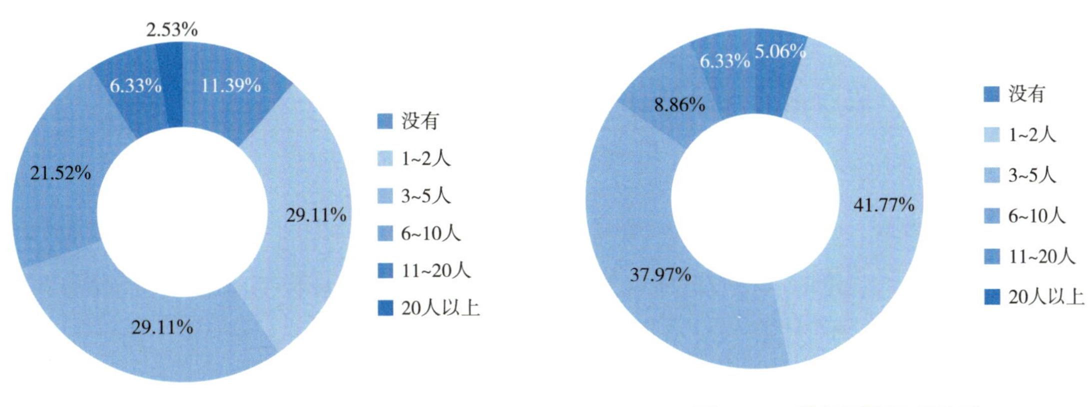

图 4-30 自有全职自然教育导师数量

图 4-31 课程研发导师数量

2. 能力提升

在能力提升方面，参与调研的自然教育基地（学校）主要通过内部培训和借助外部资源两种途径进行：自然教育基地（学校）借助外部资源提升员工专业技能的比重略高于通过内部培训提升，其中在借助外部资源渠道方面，安排员工参访其他单位进行访问（63.29%），鼓励员工参与外部举办的工作坊和研讨会（60.76%）是普遍选择的方式；在内部培训的渠道方面，则主要通过定期举办内部员工培训（74.68%）、参与课程的研发（65.82%）的方式促进员工专业技能的提升。也有 48.10% 的自然教育基地（学校）鼓励员工正式修课或取得学位，且有 24.05% 的机构愿意为员工提供进修资助，自然教育基地（学校）在员工深造方面持鼓励态度。在专业技能提升的方式中，不足一半的受访基地（学校）会采取由资深员工辅导新员工的方式提升员工的专业技能，在通过内部人力资源有效积累和传承经验的方面仍有较大的拓展空间（图 4-32）。

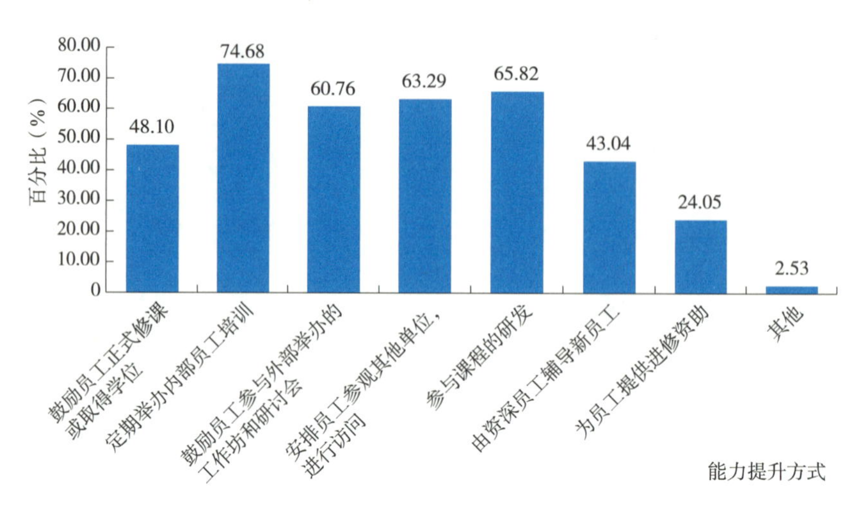

图 4-32 提升员工的专业技能的方式

六、调研对象面临的挑战及计划

1. 面临的挑战

在调研中发现，参与调研的自然教育基地（学校）面临的挑战与自然教育机构面临的挑战趋同，缺乏人才依旧被视为目前自然教育基地（学校）发展最大的瓶颈，评分为 6.83 分（最高为 8 分），高于自然教育机构的评分，预示着自然教育基地（学校）人才问题更迫切；其次是缺乏经费（5.42 分）、缺乏政策去推动行业发展（2.91 分）（图 4-33）。

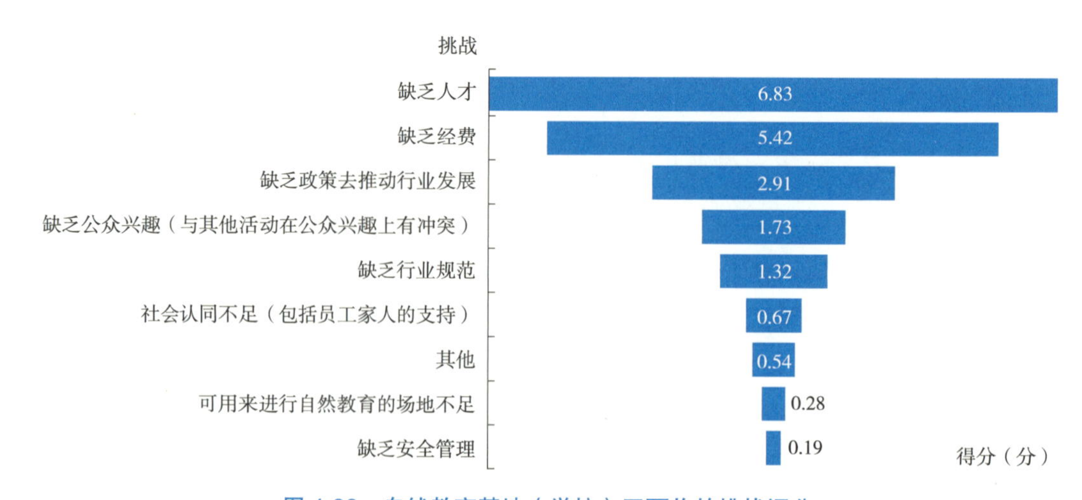

图 4-33 自然教育基地（学校）正面临的挑战评分

2. 未来的发展策略

未来 1~3 年，参与调研的自然教育基地（学校）最重要的工作中，研发课程、建立课程体系（8.50 分，满分 10 分）、提高团队在自然教育专业的商业能力（5.66 分）、市场开拓（4.40 分）为排位前三的主要工作，与自然教育机构普遍的重要工作计划的总体趋势趋同，这一定程度上反映了课程、商业能力及市场是自然教育行业重要且亟待开展的工作（图 4-34）。

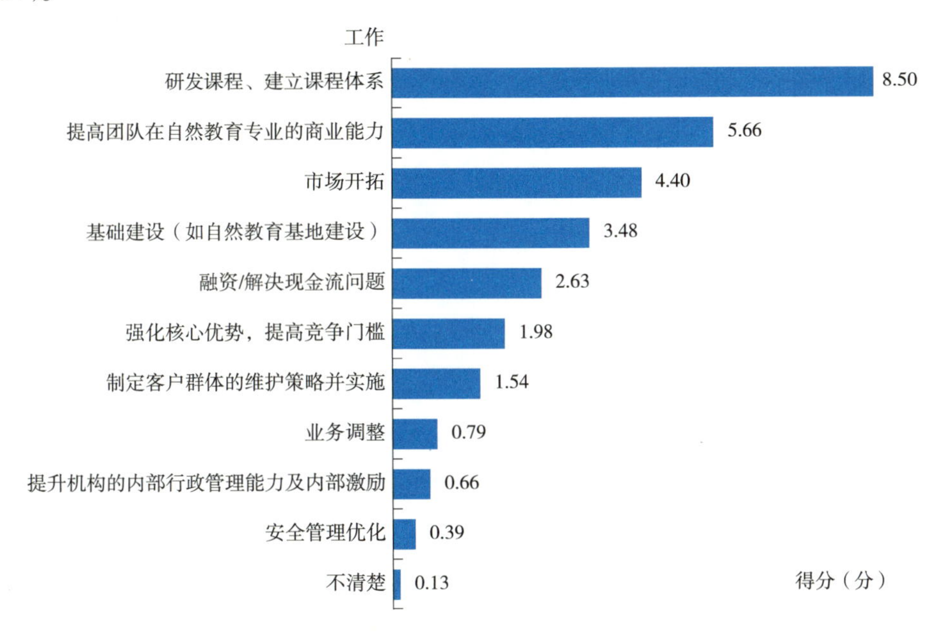

图 4-34　未来 1~3 年最重要的工作评分

3. 期待的投资者、合作伙伴

为了更好地应对挑战，更有效地开展接下来三年的工作，参与调研的自然教育基地（学校）期待的资助方式中，更加期待专业指导（4.42 分，最高分为 8 分），授人以鱼不如授人以渔，较自然教育机构调研的评分更高，在专业指导方面有更强的共识和需求；其次是利用投资者 / 资助者现有资源，进行客户引入，平台推广（3.12 分）；再次是资金入股（2.85 分）。由此可见，参与调研的自然教育基地（学校）期待更加专业可持续的资助 / 投资方式（图 4-35）。

在希望寻找的合作伙伴类型中，65.82% 的参与调研的自然教育基地（学校）更加期待可以帮助基地研发课程并提供专业培训的同行伙伴，49.37% 的自然教育基地（学校）期待共同推动自然教育发展的有影响力的媒体。自然教育基地（学校）逐步具备独立开展自然教育活动的能力，复合性更强（图 4-36）。

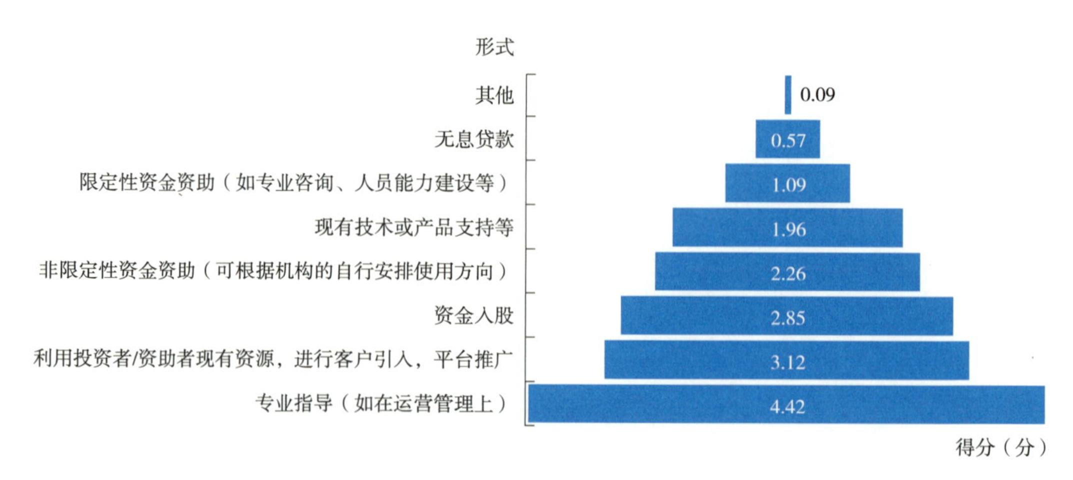

图 4-35　希望获得的支持形式评分

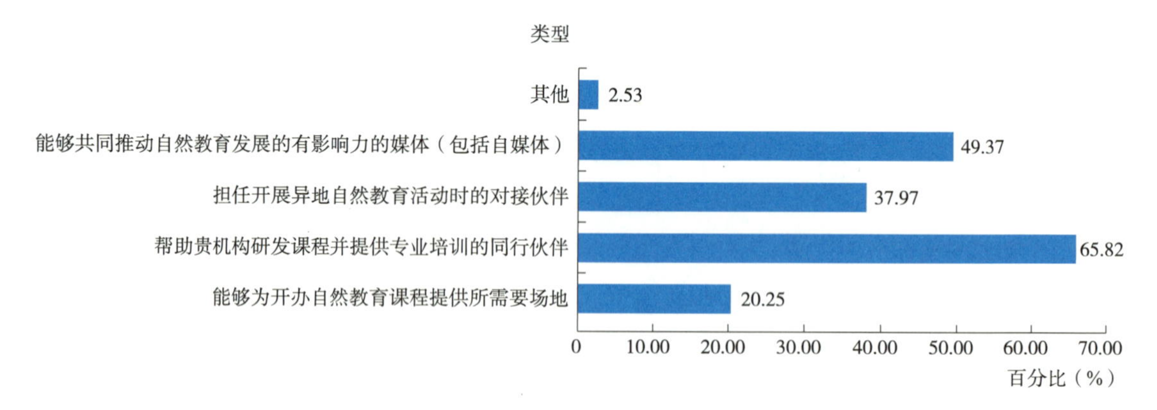

图 4-36　希望寻找的合作伙伴类型

第五章
结论、讨论与建议

第一节　中国自然教育现状的实证分析结论

一、自然教育从事主体的主要调研发现

1. 自然教育从业者的主要调研发现

（1）基本特征

从业者年龄结构逐渐复合化，女性从业者增加，学科的多元化发展明显，新进入者增加，当从业 1~3 年时人才流失率较高。

参与调研的自然教育从业者分布全国 32 个省（自治区、直辖市），其中，以广东（24.53%）、四川（6.93%）、北京（6.67%）占比较多，这与自然教育发展活跃的区域分布相契合；参与调研的自然教育从业者的年龄仍然主要集中在 40 岁以下（77.06%），40 岁以上的比例从往年的 13.3% 增长为 22.94%，年龄的复合性增加。

参与调研的从业者以女性为主，占比 66.53%，较往年的 59.26% 增加了 7 个百分点，从业者的性别比例差异在拉大。

参与调研的自然教育从业的专业学科主要集中在管理学（15.60%）、教育学（12.53%）、农学（12.00%）、设计艺术（11.73%），其他学科还包括理工科、医学、风景园林、法律、金融、新闻传播等，总体呈现多元化的学科背景。

参与调研的从业者的从业年限集中在 3 年以内（65.87%），超过 1/3 的参与调研的自然教育从业者经验不足 1 年，超过 10 年自然教育从业经验的占比不足 5%，与历年趋势基本吻合。但新进入行业不足半年的占比较往年增加（增长了 6%~10%），而 1~3 年的从业

者占比较往年减少了 5%~14%，越来越多的人关注到自然教育，并且愿意投身该行业。而进入行业 1~3 年的时候，人才流动率较大，提供有吸引力的薪酬是留住人才的关键。

（2）职业能力和行业认知

从业者对自然教育活动目标认知聚焦在人与自然的联系和情感，对目前机构面临挑战的认知较为清晰。

参与调研的自然教育从业者对于开展的自然教育活动直接实现的目标的认知方面，聚焦在人与自然的态度情感层面[认识和感知自然（7.08 分，最高为 11 分）、加强人与自然的联系建立，对大自然的热爱（5.77 分）]，对于目前自然教育能够实现由感知引发自然保护行动，以及自然教育为了人的健康方面的目标认知并不乐观。参与调研的自然教育从业者认为目前机构面临的挑战主要为盈利性不足（5.47 分，最高为 9 分）和缺乏人才（5.02 分），这与机构负责人的评价感知一致。

（3）从业者动机与职业满意度

热爱是自然教育从业者主要的从业动机，对行业整体满意度较高，但薪酬、职业发展和日常管理的满意度较低，行业发展尚不成熟。

热爱自然（78.80%）、喜欢从事教育和与孩子互动的工作（57.87%）、符合个人能力（57.87%）始终是参与调研的自然教育从业者从事自然教育的主要动机；对工作的整体满意度与 2019 年高度相似，其中，自然教育工作能够匹配个人兴趣，匹配个人能力专长，创造社会价值等方面为从业者带来的满意度较高，而参与调研的自然教育从业者对薪酬福利待遇、职业发展机会、日常评估和整体绩效管理的满意度较低，这也是行业发展尚不成熟的表现。如果机构能够具备良好规范的管理体系，提供有吸引力的薪酬待遇，创造系统的职业生涯路径等，继续保持从业者对行业满意度较高的特点，则行业吸引人、留住人、发展人的效果将更加明显，自然教育才真正能够成为公众认可、从业者愿意加入的行业。

（4）经验能力与职业规划

职业匹配度较高，但运营管理方面的重视程度不足，行业忠诚度较高。

参与调研的自然教育从业者中擅长方向与目前正在从事的内容匹配度较高，其中，自然体验的引导、课程和活动设计、自然科普 / 讲解是参与调研的从业者中占比较大的方向，财务和机构的管理、安全和健康管理、风险管理和应对等重要方向的从业者占比较少，需要给予更多的重视。有 88.66% 的参与调研的从业者有可能 / 极有可能把自然教育作为长期职业选择，近 1/4 的从业者在未来 1~3 年会选择保持现状、在与自然教育相关的专业念书深造，甚至创办自己的自然教育机构，自然教育从业者的行业忠诚度较高。

2. 自然教育机构的主要调研发现

在我国，自然教育作为一个新兴的领域，难以定义其为学术领域或实务领域、公益领域或商业领域、事业领域或行业领域等，中国自然教育目前更多地呈现出行业发展的形态，未来具有极大的发展空间。

在自然教育行业体量方面，因自然教育丰富的外延，自然教育机构的构成涵盖商业企业、社会组织、政府及其直属机构等不同组织形式。在中国，自然教育机构没有专门的登记注册制度，因此缺乏官方的统计数据，社会上虽有广泛的样本调查，但无法准确测算体量，限制了相关方对自然教育行业的准确把握和研究。鉴于此，本研究基于"天眼查"，涵盖工商注册及民政注册的组织机构，提出从两个维度抓取估算自然教育机构的数量，方便读者对自然教育行业有粗略的了解。

维度一，通过"天眼查"筛选出具体的自然教育机构，主要筛选方法为机构名称、机构简介、机构网站描述、机构新闻标题、机构推广关键词、机构经营范围、机构岗位描述中任一选项中有关键词为"自然教育"的机构，共4000余家。

维度二，通过"天眼查"筛选出广义的自然教育机构，主要筛选方法为在维度一的基础上将关键词增加至自然教育、自然体验、自然学校、农耕体验、生态旅行、食育、森林学校、森林幼儿园、森林教育、自然观察、自然游戏、自然笔记、自然解说、情意自然、自然疗愈、自然中心、观鸟、无痕山林、深度生态学、自然研学、科考、山野冒险、山野教育、生态游戏、生态营造、绿色夏令营、绿色冬令营、社区花园、绿色学校、绿色营地等30个关键词进行模糊查找，共获取20000多家机构。通过两个维度的测算，集合历年行业研究的相关指标平均水平，自然教育机构的数量粗略估计在4000~20000家。基于过往5年行业调研/研究报告中抽样调查测算出自然教育机构的人员规模、活动频次、活动规模、营业收入的平均值，在自然教育机构数量粗略估算范围的基础上，测算自然教育从业者规模在5万~30万人，每年组织开展各类自然教育活动为30万~150万场次，参与人次为1500万~8000万人次，历年的营业收入体量20亿~110亿元。

在市场潜力方面，据历年《自然教育行业发展研究报告》显示，自然教育的主要服务对象集中在幼儿园至初中阶段，特别是幼儿园至小学阶段是自然教育消费的主要人群。根据历年《全国教育事业发展统计公报》统计，2021年我国幼儿园、小学及初中在校人数约2.06亿人。若按每个学生每年只参加1次日常自然教育体验活动，忽略每年在校人数的变化，在自然教育90%的市场占有率下，保守估计自然教育在学生端的潜在规模可以突破300亿元。

（1）增长特征

自然教育机构地理分布广泛，成立年限跨度大，新成立机构占比高，机构数量增长率较高。

参与调研的自然教育机构涵盖 30 个省（自治区、直辖市），机构成立年限从 1929 年起，横跨百年，在 2014 年开始呈现跳跃式发展，与 2013 年相比数量涨幅达 300%，近五年成立的机构占比 51.00%，近 3 年新成立的机构相较前三年的平均增长 11.96%。自然教育行业作为一个处于蓬勃发展的行业，迸发着强大的生命力，吸引着新的机构参与、成立。

（2）运营特征

自然教育机构以商业注册为主，政府及其直属机构、事业单位为辅，兼具营利性与公益性，2021 年自然教育机构亏损占比较高，疫情的影响仍在继续。

参与调研的自然教育机构中，54.88% 的自然教育机构注册为公司或商业团体，占比与历年相仿；其次是事业单位、政府部门及其直属机构，占比 21.95%，相对历年 8.3% 的占比率而言，增长率达 164%，这与 2020 年以来政府相关部门重视自然教育的发展，众多事业单位、政府部门及其直属机构纷纷开展自然教育相关工作，并保持良好的民间开放交流有重要关系。六成以上的参与调研的自然教育机构的总运营成本在 50 万元以内，主要支出集中在活动运营（60.67%）和教育人员聘请（58.84%），四成以上的自然教育机构的主要资金来源为课程方案收入（41.46%），四成以上参与调研的自然教育机构处于亏损状态（46.95%），成本收入及盈亏情况与 2019 年相反，与 2020 年相仿，甚至亏损加剧。疫情对自然教育机构的影响仍在继续。

（3）业务特征

自然教育机构的业务内容以自然教育活动为核心，聚焦本市 / 本地区，自然教育活动的服务对象及内容同质化明显，自然教育活动方式较为单一，客户留存率低。

自然教育机构在业务内容上，以自然教育活动为核心，聚焦提供系列自然教育课程 / 活动（64.63%）、自创教材（59.45%）、外派专家（58.54%）等工作；业务范围不断聚焦下沉至市一级（64.94%）开展业务；自然教育活动的服务对象兼顾公众个体（71.95%）与团体类型（67.38%），在面向团体类型的客户提供的服务中，主要为小学学校团体（81.90%）提供自然教育活动承接（92.76%）的服务，面向公众个体提供的自然教育服务中，以面向小学生（76.69%）、亲子家庭（75.00%）提供自然教育体验活动 / 课程（98.73%）为主，服务对象和内容与往年相仿，同质化较为明显；在活动次数方面，七成以上的参与调研的自然教育机构年度开展自然教育活动 50 次以内，六成以上的参与调研的自然教育机构年度参与自然教育活动人数在 1000 人次以内，活动的次数和人次较往年有所减少；开展自然教育的方式主要通过自然科普 / 讲解（69.82%）、自然观察（61.89%）的方式进行，近七成的自然教育机构客户留存率低于 40%，客户的流动率较大。

（4）场域特征

自然教育的场域优先考虑自然环境与交通便利性，自然教育机构自有 / 自营场地的比例较高，开展自然教育的面积占比多样。

超半数以上的自然教育机构选择在市内公园（63.72%）、自然保护区（55.79%）开展自然教育活动，三成以上的自然教育机构有自有场地（35.67%）/ 自营基地（32.32%），场地基本具备室内空间及室外导览路线及公共卫生间、休息点等保障自然教育场地的基础功能。场域的面积大小不一，有的机构场地面积小于 100 平方米（3.87%），有的机构面积大于 100000 平方米（27.07%），而开展自然教育的场地面积占比也较为多样，占比从 10% 及以下，到 90%~100% 等均有分布。

（5）人员特征

自然教育机构以小而美为主要特点，大部分自有自然教育师资团队和课程研发团队，人员的专业能力提升方式多元化。

超过一半以上的参与调研的自然教育机构的全职人员规模在 5 人以内，89.33% 的机构拥有自己全职的自然教育导师，97.26% 的自然教育机构拥有课程研发人员，让自然教育机构在内容和研发方面得到保障以塑造自身的核心竞争力。在能力提升方面，自然教育机构主要通过内部培训和借助外部资源两种途径进行，参与调研的自然教育机构主要以内部培训为主，包括定期举行员工培训（70.43%）、鼓励参与课程研发（70.12%）、资深员工辅导新员工（50.61%）等。

（6）面临的挑战与计划

人才依然是自然教育机构面临的重大挑战，课程研发、建立专业课程体系依然是未来 1~3 年工作的重中之重。

与历年调研结果相仿，人才不足、缺乏经费和政策缺乏依然被视为自然教育机构发展的巨大挑战；未来 1~3 年，自然教育机构最重要的工作中，研发课程、建立课程体系（8.60 分）、提高团队在自然教育专业的商业能力（5.36 分）、市场开拓（5.34 分）成为排位前三的主要工作；为了更好地应对挑战，参与调研的自然教育机构期待更加自主和灵活的资助方式，期待可以帮助机构研发课程并提供专业陪伴的同行伙伴。

二、自然教育服务对象的主要调查发现

（1）服务对象基本特征

公众主要以中青年已婚人士为主，受过高等教育，家庭拥有 1~2 个孩子，普遍认为接触自然很重要。

参与调研的公众以中青年为主，一半以上的人年龄在 18~30 岁，接受过大学高等教育及以上的比例为 74.35%；近三成的主要职业为专家、技术人员及相工作者；一半以上家庭月收入集中在人民币 10000~49999 元（55.84%）。有 57.26% 的受访者已婚，63.52% 的受访者家庭拥有 1 个及以上的孩子，孩子年龄段集中在小学（41.94%）及学龄前儿童（29.98%）。

参与调研的公众普遍认为在自然中度过时光对自然和孩子是很重要的，超一半的受访者认为自己比较、非常了解自然，与 2020 相比公众对自然的了解程度有所加深。四成以上的受访者和他的家人们倾向于每月进行 2~4 次户外活动（42.07%），主要以户外体育运动、参观植物园为主。

（2）服务对象购买动机

公众参与过自然教育活动的占比较高，以利己型动机为主，主要的阻力在于时间不够。

受访者普遍认为自己比较、非常了解自然教育，与 2020 年相比，公众对自然教育的了解程度略有加深。八成以上参与调研的公众及其孩子参加过自然教育活动，主要为自然观察、自然保护地或公园自然解说 / 导览等活动。

受访者参与自然教育活动的动机主要是学习与自然相关的科学知识、加强人与自然的联系。在自然中放松休闲娱乐、认识自我、养成有益个人长期发展的习惯、培养对自然的好奇心和兴趣、学习衍生技能等利己动机；其次是亲自然环境动机；最后是亲社会动机。这与从业者对自然教育的直接目标的感知一致，自然教育的另一目标维度是自然的健康与发展，公众对这一维度的感知较弱，仍需要在从业者的培养、受众的传递等方面加强。

（3）服务对象的行为特点

公众最感兴趣的自然教育活动为大自然体验类，普遍认为成人活动的价格要高于儿童 / 学生活动的价格，二线城市倾向于付更高价格，更加注重课程 / 活动内容本身，对自然教育师的依赖度较高。

受访者感兴趣的自然教育活动类型中评分最高的为自然体验类活动（5.09 分，最高 7 分），即在大自然中嬉戏，体验自然生活；其次是博物、环保科普认知类（3.41 分），即了解动植物或环境等相关科普知识。超过四成的受访者期待成人活动价格在 100~300 元 /（人 · 天），儿童 / 学生的活动价格在 200 元 /（人 · 天）以下。76.86% 的受访者未来 12 个月有可能参与自然教育活动，更倾向于每个季度 1 次（34.22%）或每个月 1 次（17.42%）。

在选择自然教育课程时，受访者更加看重活动 / 课程是否对孩子成长有益（33.65%），其次是课程主题和内容设计（25.70%）、指导教练或领队老师的素质和专业性（25.56%），公众更加注重课程 / 活动内容本身，对自然教育师的依赖度较高。

（4）自然教育的成效与评估

公众认为自然教育能够增强自己及孩子对大自然和保护大自然的兴趣，对自然教育的整体满意度较高，主要集中在社群氛围、课程效果、带队老师的专业性互动性等方面。

受访者认为自然教育能够提升参与者对大自然的兴趣和保护大自然的兴趣（77.15%）、能够加强参与者对环境的关注（75.95%），能够增强参与者独立能力（66.03%）。而在增强领导才能、培养同情心、让孩子更加机智方面，超过 3/4 的参与调研的公众认为自然教育无法在这些方面提供帮助支持。

相比受众参与自然教育的利己动机，目前的自然教育活动停留在激发兴趣的层面，在深层次的自我认知、能力培养、习惯养成等方面，用户感受不明显。受访者对自然教育活动的整体满意度较高，有 60.55% 的公众比较满意和非常满意，但有 7.67% 对自然教育活动的整体满意度为比较不满意和非常不满意，不满意度较往年升高了 0.67%。

在具体满意度方面，受访者对自然教育活动中营造的良好社群氛围、课程效果、带队老师和参与者的互动、带队老师的专业性等方面的满意度较高，对后勤服务及行政管理、客户的后期维护的满意度较低，有较高的改善空间。

三、自然教育基地（学校）的主要调查发现

（1）增长特征

自然教育基地（学校）自 2014 年呈现跳跃式发展，其中，广东、四川两省的自然教育基地（学校）较为活跃。

参与调研的自然教育基地（学校）分布于全国 25 个省（自治区、直辖市），自 2014 年起呈现跳跃式发展，于近 5 年成立的占比 37.97%，近 3 年成立的占比 21.52%，其中四川、广东两省占比较高，合计占比 29.11%。

越来越多以自然保护地为主体的自然教育基地（学校）开始成立、开展或重视自然教育，并进入社会公众的视野或主动与民间力量联结合作。

（2）业务特征

以面向团体类小学生提供免费的自然教育体验活动 / 课程为主，聚焦自身资源禀赋，自然教育基地（学校）普遍更重视课程研发，但客户留存率更低，2021 年活动频次及参与人次明显减少，疫情影响仍在继续。

自然教育基地（学校）的业务内容以自然教育活动为主体，聚焦在自创教材（68.35%）、开展系列自然教育活动（67.09%）、外派专家（62.03%），且比重更为突出。

在业务范围上，超过六成的参与调研的自然教育基地（学校）聚焦在本市 / 本地区开展业务（63.29%），聚焦在地化的资源禀赋，但也有 16.46% 的自然教育基地（学校）在全国开展业务，视野不局限于本地。

在服务对象方面，与整个行业主要面向亲子家庭不同，自然教育基地（学校）面向团体类型的客户提供服务的比重更高，提供的内容聚焦面向小学团体（87.50%）提供自然教育活动（93.75%），呈现较为明显的雷同性。

在自然教育活动的频次及人次方面，近七成的自然教育基地（学校）2021 年开展的自然教育活动在 30 次以内，比历年的 53.16% 增加了 15.2%，其中，31.65% 的自然教育基地（学校）开展自然教育活动的次数每月不足 1 次，参与自然教育基地（学校）自然教育活动的人数有所减少，多于 1 万人次的自然教育基地（学校）占比较往年减少了 11.39%。

在客户留存率方面，近八成的自然教育基地（学校）的客户留存率低于 40%，低于自然教育行业的平均水平。

（3）场域特征

聚焦自有 / 自营场地开展自然教育活动，基础设施完善，开展自然教育的面积依其属性呈现多样化特点。

自然教育基地（学校）开展自然教育的场域类型主要是自然保护区（68.35%），其次是市内公园（40.51%）和植物园（36.71%），这与自然教育基地（学校）的类型相契合，还有 16.46% 的受访机构选择其他类型的场域，主要包括学校、社区等，体现出自然保护地对周边社区社会服务的功能。

在具体的硬件设施方面，七成以上的自然教育基地（学校）的场域中拥有场馆、导览路线、公共卫生间和休憩点等基础设施；一半左右的自然教育基地（学校）拥有观景台、木栈道、餐厅等设施。

在场域面积方面，参与调研的自然教育基地（学校）的场域面积主要集中在10000平方米以上，占比57.15%，其中超过四成的自然教育基地（学校）的场域面积达到10万平方米以上，开展自然教育面积与总面积的占比分布较均衡，10%~100%均有涉及。

（4）运营特征

性质以事业单位、政府部门及其直属机构为主，资金来源以来自政府的专项经费为主，资金来源及运营成本稳定，规模总体水平在自然教育机构中偏大。

在运营成本方面，参与调研的自然教育基地（学校）年度运营成本主要集中在100万元以下，其中，运营成本在10万元以下的占比略高，年度运营成本在保持稳定的基础上略有波动。

资金来源稳定，以来自政府的专项经费为主（44.30%），课程收入为辅（27.85%），同时结合门票（21.52%）、餐饮服务（20.25%）及住宿服务（15.19%）等配套服务。

在收益方面，三成多的自然教育基地（学校）以面向公众提供公益性自然教育活动为主，有营利行为的自然教育基地（学校）中，亏损为主要趋势。

在人员构成方面，超六成的自然教育基地（学校）的全职人员规模在10人及以下，20人以上规模的自然教育基地（学校）占比29.11%，规模总体水平在自然教育机构中偏大；拥有全职自然教育导师的占比88.61%，拥有课程研发导师的占比94.94%。

（5）面临的挑战与发展策略

人才依然是自然教育基地（学校）面临的重大挑战，且更为迫切，课程研发、建立与自然教育基地（学校）相符的课程体系依然是未来1~3年工作的重中之重。

与自然教育机构的调研结果相仿，缺乏人才依旧被视为目前自然教育基地（学校）发展最大的瓶颈，评分为6.83分（最高为8分），高于自然教育机构的评分，预示着自然教育基地（学校）人才问题更迫切。

其次是缺乏经费（5.42分）、缺乏政策去推动行业发展（2.91分）。未来1~3年，自然教育基地（学校）的最重要的工作调研中，研发课程、建立课程体系（8.50分，满分10分）、提高团队在自然教育专业的商业能力（5.66分）、市场开拓（4.40分）为排位前三的主要工作。

为了更好地应对挑战，更有效地开展未来3年的工作，自然教育基地（学校）更期待专业指导、引入客户资源等支持/资助方式，更加期待可以帮助机构研发课程并提供专业培训的同行，以及有影响力的媒体。

第二节 自然教育行业的发展趋势、挑战与机遇

一、主要挑战

1. 缺乏精准的政策引导，政策利好后续不足

如《2020 中国自然教育发展报告》中提及，虽然国家最近颁布了不少激励自然教育发展的政策文件，但除了 2019 年国家林业和草原局颁布的《关于充分发挥各类自然保护地社会功能，大力开展自然教育工作的通知》及中共中央、国务院颁布的《关于建立以国家公园为主体的自然保护地体系的指导意见》明确提及自然教育外，其他政策均未明确提及自然教育的名称。针对自然教育的精准性政策不足，政策扶持力度受限。

此外，继 2019 年林草相关领域国家政策涉及自然教育外，仅部分省份陆续回应相关内容，相继颁布文件鼓励自然教育，国家层面未有后续的政策文件颁布。政策的有效推行需要资金的加持，针对自然教育的政府配套资金缺乏使政策的效果及延续性不足，政策环境有待持续加强。

2. 经济环境总体稳定，多种因素影响经济复苏，国民消费需求受到影响

从《2021 年国务院政府工作报告》的数据看，2021 年国民经济环境总体稳定，经济发展稳步恢复，但疫情对社会经济的影响尚未结束，境外输入压力增加，对于微观主体带来非常大的影响，经济形势并不乐观。自然教育相关主体作为小而美的存在，面对如此复杂的外部环境，能否借势而上将是巨大挑战。

3. 国际市场缩小，国内市场新进入者增多，竞争压力增大

从对自然教育主体的调研中发现，近 3 年新成立的自然教育机构较前 3 年平均增长 11.9%，自然教育行业正处于蓬勃发展的阶段，迸发着强大的生命力，吸引着新的机构参与、成立。但是，受疫情影响，国际市场缩小甚至业务暂停，众多机构纷纷转入国内市场，聚焦本地区，特别是携带大资本的文旅集团、培训集团转型入场，使得市场竞争压力增加，在短期内容易形成聚集效果，对自然教育主体及从业者能否研判形势及时作出战略调整提出了更高要求。

4. 政府主导性强，资金资源流向政府相关机构，未能有效传导至民营机构

一方面，自然教育行业经过 10 余年的发展，逐步从社会自发走向政府政策指导。伴

随着一系列利好政策的颁布，部分省份配套一定的政府资金投入自然教育领域，但在调研中发现，资金大多最终流向如自然保护地的体制内单位及其直属机构，很少流入民营机构。

另一方面，民营自然教育机构主要以社会企业的方式自负盈亏，国家疫情期间的税收扶持政策多以资质不符而无法享受。疫情影响下，四成以上的自然教育机构 2021 年处于亏损状态。民营自然教育发展乏力。

5. 科技飞速发展，自然教育的技术变革充满未知

随着科学技术的飞速发展，录播、直播等新兴的教学模式逐步成型，三维模型（3D）、虚拟现实（VR）、增强现实（AR）等技术在教学场景中开始普及，但自然教育并未积极地融入这一趋势。行业内反复论证自然教育线上化的利弊，仅在疫情初期社会全方面封控时浅尝线上课程。注重体验的、强调在自然中实践的自然教育是否应该拥抱技术，变革自我，如何既保持自然教育的特点，又将自然教育的理念通过现代技术更便捷、更广泛地传递给受众，仍需要不断探索。

6. 自然教育机构既有模式遇到瓶颈，亟须变革以更可持续地健康发展

2021 年，大量自然教育机构持续亏损，疫情对自然教育的影响仍在继续，挖掘深层次原因，不难发现：

①在业务方面，九成以上的自然教育机构以提供自然教育活动为核心，七成及以上主要面向小学生、亲子家庭开展，开展的方式主要是提供自然科普 / 讲解、自然观察等。自然教育机构业务的内容、客群、方式连续几年都表现为单一且高度同质化，缺少多元性及互补性，生态系统脆弱。

②在客户层面，自然教育的服务停留在激发成人及孩子对大自然的兴趣及体验性方面，对受众发展深层次的影响、对自然保护意识及行动的影响、自然教育理念的传递未明显体现，即提供的产品质量不高，受众付费意愿及投入资金体量不高，客户留存率低，未能培育良好的市场。

③在运营管理层面，自然教育机构主要的资金投入在活动运营等方面，面临的挑战主要是人才匮乏，未来的计划主要是研发课程、人才培养、市场开拓等，鲜少提及内部管理运营。而从业者尽管表达了较高的职业满意度，但对于日常管理的满意度较低。公众也表达了对后勤服务、行政管理、客户后期维护的满意度较低，重活动轻运营让自然教育机构后续发力不足，亟须建立起长远规划和发展策略，以及更健康的发展机制。

7. 薪酬水平较低，人才流失依然是重要挑战

在调研中发现，参与调研的从业者的从业年限集中在 3 年以内（65.87%），从业人员相对比较年轻；与历年调研对比发现，新进入行业不足半年的从业者占比增加（增长了 6%~10%），越来越多的人关注到自然教育，并且愿意投身该行业；而 1~3 年的从业者占比减少了 5%~14%，进入行业 1~3 年的时候，人才流动率较大。自然教育从业者在较高的职业满意度下，对于薪酬、自我发展的满意度较低；自然教育机构坦言，目前面临的第一大挑战还是缺乏人才。自然教育作为新兴行业蓬勃发展，能够不断吸引优秀的人参与进来，但留住人、发展人方面仍匮乏，能否提供吸引力的薪酬和清晰的职业发展路径将是解决人才问题的关键挑战。

二、主要机遇

1. 新时代推进生态文明建设，对自然教育的社会需求更加“凸显化”

党的十八大以来，党中央着眼于中华民族的永续发展、人民群众的民生福祉以及构建人类命运共同体的宏大视野，把生态文明建设纳入“五位一体”总体布局中，生态环境的重要性和面临的严峻形势被重视，公众生态保护意识逐渐加强。一系列事件，如《生物多样性公约》缔约方大会第十五次会议在昆明的召开和第一批国家公园名单的发布，在公众中掀起一场物种保护与亲近自然的热潮。

自然教育的曝光率增加，公众对自然教育的社会需求更加凸显。教育、医疗健康、养老、留守儿童、残障群体、扶贫、三农、环保与能源等各个领域都呈现出和自然教育相结合的趋势。

2. 政策利好优势不断叠加，对自然教育的需求更加“复合化”

在生态文明建设的大背景下，自然教育逐渐引起政府相关部门的重视，“双减”政策释放了更大的需求空间，为自然教育与学科教育融合、与教培机构跨界合作提供机会。新型城镇化战略、乡村振兴战略等的全面推进，应对快速城市化带来的自然缺失症问题，开展儿童友好自然生态建设，建设生态宜居的美丽乡村等，对自然教育释放了更多需求。但同时，新的形势对自然教育拓展咨询、规划设计等综合能力提出了更高的要求。部分省份纷纷颁布鼓励加大开展自然教育的文件，为自然教育机构提供了丰富的优惠政策，释放了政府资源。

在政策利好优势不断叠加的同时，对自然教育释放的需求更加多元化、复合化，以自然教育活动为主的自然教育机构亟须在自然教育理念的指导下韧性变革，拓展多元化、

细分专业化的能力。

3. 林草系统深度参与，自然教育场域基础设施的建设更加“完善化”

伴随着以国家公园为主体的自然保护地体系的建立，亟待建设具有鲜明中国特色的自然教育体系以充分发挥各类保护地的社会功能。林草系统投入大量的政府资源建设完善自然教育基地，并面向公众开放。

自然教育领域逐渐拥有一批视觉资源独特、生物多样性资源丰富、生活体验特殊、兼具丰富性与专题性、可选性的自然教育基地。伴随着相关基地建设标准的颁布，自然教育基地的基础设施更加科学化、完善化，为自然教育开展内容的丰富性提供基础。

4. 以国家公园为主体的自然保护地发挥社会服务功能，自然教育发展进一步“在地化”

在《生物多样性公约》缔约方大会第十五次会议上，我国正式宣布设立第一批国家公园，建设以国家公园为主体的自然保护地体系的重要性再次被提出。其中，在保护的前提下，在自然保护地控制区内划定适当区域开展生态教育、自然体验、生态旅游等活动，构建高品质、多样化的生态产品体系成为国家公园的主要功能之一。

未来，基于每个保护地的自然文化特色和主要服务人群规划有特色的自然教育中心，提供基于“在地化”生态环境特色的自然教育服务，使全民共享保护成果，共同提升保护素养，推动保护目标的实现，将成为重要的发展趋势。

5. 大资本进入自然教育领域，自然教育的细分更加“多元化”

随着自然教育的蓬勃发展，行业逐渐壮大，“双减”对教育机构的整顿也促使大量教育机构向自然教育领域探索与转型。在未来 1~3 年将有越来越多的教育集团、文旅集团、房地产等携带大资本进入自然教育领域，释放更多的服务购买需求。当体量达到一定程度时，将引导自然教育机构战略转型与聚焦到细分领域，人力资源、咨询规划、评估培训等领域逐渐有组织化的机构深耕。自然教育行业的生态将更加丰富多元，抗风险能力也将增强。

第三节　对策与建议

基于此，正确的价值认知、扎实的软件基础、精准的政策扶持、专业的人才队伍、多元的行业生态、规范可持续的行业发展是当前中国自然教育领域关注的重点，也是亟待解决的痛点。具体的建议如下。

1. 基础理论层面：凝聚自然教育价值理念共识，梳理自然教育理论体系，为自然教育的开展提供科学依据

究竟什么是自然教育、自然教育有怎样的价值意义、自然教育的目标是什么，自然教育有怎样的特点，自然教育有怎样的作用效果、什么样的机构才算自然教育机构、自然教育从业者的特点是什么……针对自然教育的基本问题、价值理念目前尚缺乏共识，尚无成型的理论体系，是目前自然教育发展过程中遇到的众多问题的根源。

行动建议：

（1）充分发挥专业社会组织作用，组建专家团队，系统梳理自然教育理论体系，产出相关的知识产品以便广泛传播。

（2）定义自然教育、自然教育机构、自然教育从业者等相关内容，并具体详细阐释。

（3）成立自然教育专家智库，定期组织专题系列高端研讨沙龙。

（4）建立相关的评定、表彰机制，树立典型案例。

2. 制度层面：制定自然教育发展规划，制定精准的政策，引导政策持续发布，完善政策环境，促进跨部门合作

规划政策是自然教育行业发展的关键依据和指南。系统的规划、持续的政策颁布落实、完善的政策环境和多部门的合作共建将为自然教育的发展营造稳定利好的发展环境。

行动建议：

（1）从 5 年甚至更长远的战略角度，制定自然教育发展规划，为自然教育的发展提供长时间方向指引及系统保障。

（2）将自然教育融入相关领域的法制建设。

（3）将自然教育的发展纳入相关职能管理部门的发展规划中。

（4）积极推动针对自然教育的政策制定、有节奏的持续颁布，为自然教育的发展提供可持续稳定的政策利好环境。

（5）建立跨部门联动机制，促进不同部门的合作，为自然教育发展创造有利的社会环境，如推动与教育部门合作，促进自然教育与学校的科学教育、实践教育相结合，充分利用社会资源，促进学生的综合素养提升。如与妇联部门合作，共同建设儿童友好城市；如与住房和城乡建设部、城市管理部门合作，为生态城市建设、城市自然环境修复等提供新思路。

（6）构建和颁布系统完整的标准、规范，鼓励与监管并行，促进自然教育规范科学的发展。但需要注意的是，目前自然教育依然处于发展的初级阶段，需注意规范专业与多元

发展活力之间的平衡，推动以中国林学会为代表颁布的团体标准优化发展成为行业标准、国家标准，让广东、四川等地推动的地方标准的经验在更大范围推广。

3. 资源层面：面向自然教育领域吸引、投入资源，支持自然教育不同主体初始阶段的发展

自然教育仍处于发展的初级阶段，面对疫情的深刻影响，亟须政府倾斜政府资金，吸引社会资源参与支持初始阶段的过渡，以为后续健康的发展奠定基础。

行动建议：

（1）加大自然教育相关财政预算，面向政府机构、民间机构等提供配套财政支持。

（2）设立“自然教育”基金会，鼓励创新尝试。

（3）完善社会参与机制，通过政府购买服务等形式激励社会力量开展自然教育。

（4）引导社会资源进入自然教育领域。

（5）提供优惠税收政策。

4. 生态层面：鼓励行业细分，丰富行业多元主体，构建稳健的行业生态

丰富的自然教育行业生态系统的建立，对自然教育相关主体的可持续发展、资源的有效利用、抗外部风险的能力提升都有重要意义（图 5-1）。

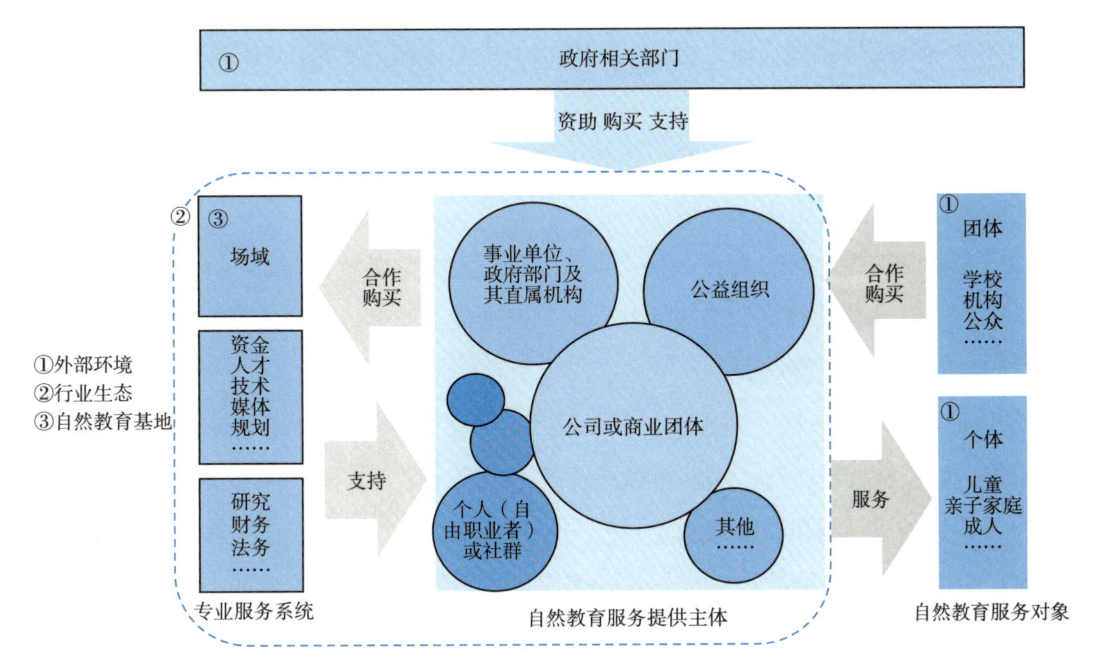

图 5-1 自然教育行业生态示意图

行动建议：

（1）摸底自然教育行业，测算自然教育的体量、市场潜力。

（2）鼓励多元主体的发展，聚焦细分领域，形成丰富的行业生态元素。

（3）鼓励扶持自然教育专业服务系统的发展，如服务咨询型机构、研究倡导型机构等。

（4）打造优质自然教育基地，坚持公益属性。

（5）探索“政产学研用”协同发展模式，通过基地 + 自然教育机构 + 支持性机构合作发展的模式，实现资源的有效利用。

（6）定期举办“中国自然教育大会”交流活动等，搭建交流合作平台，促进不同生态位元素互动交流。

5. 技术层面：建立专业人才培养机制，鼓励多元化的产品服务，提升组织运营能力，探索自然教育 + 科技新思路

自然教育行业自身能力的提升为自然教育发展的核心力量，包括但不限于专业的人才、优质的产品服务、高效的组织管理、智能化的设施等。在技术层面的优化将使自然教育的核心力量得到巩固和发展，以更好地迎接机遇，应对挑战。

行动建议：

（1）从现有高等院校、研究机构、行政机关中邀请相关专家，组成稳定而权威性的自然教育智库。

（2）建设系统的人才培养体系，搭建人才培养的基础设施，倾斜相关政策，提供有竞争力的薪酬待遇，清晰职业成长路径。

（3）鼓励高校设立自然教育课程及本科学科，发展学历教育。

（4）在既有的自然教育师培训的基础上，鼓励社会非学历教育的多元发展，倡导提供针对在职教师的自然教育培训。

（5）注重推动出版社、高校、民间机构等编制自然教育特色书籍，创办自然教育刊物，积累出版自然教育教材，涵盖自然教育基本理论、主要方法、优秀案例等内容。

（6）释放需求，提供自然教育主体参与城市规划、乡村振兴、学校教育等多种社会建设方面，引导其发展咨询建议、规划设计等多元化的能力，设计丰富的产品与服务，丰富自然教育产业链。

（7）提供自然教育组织运营管理相关议题的培训、培养，支持自然教育组织更可持续的规划发展，资源调配。

6. 保障层面：建设行业研究基础设施，鼓励专题研究，加强宣传，鼓励公众参与

建设自然教育行业研究的基础设施，推动行业的基础研究，为行业良性发展提供科学指引，打造自然教育品牌，鼓励公众参与，鼓励改革创新，探索发展新方向。

行动建议：

（1）建设行业数据库，持续呈现自然教育行业发展状况。

（2）设立自然教育研究基金，支持专题研究，支持改革创新实验。

（3）持续行业发展研究，定期发布行业调查报告。

（4）建立样本观测点，开展自然教育成效研究，为行业提供参考依据。

（5）打造自然教育品牌活动，提升公众认知度，提高公众参与度。

（6）打造传播矩阵，有策略地推广自然教育及经验成果。

参考文献

国家统计局．中华人民共和国 2021 年国民经济和社会发展统计公报［EB/OL］．［2022-02-28］．http://www.gov.cn/xinwen/2022-02/28/content_5676015.htm.

黄宇，陈泽，2018. 自然体验学习的源流、内涵和特征［J］. 环境教育（9）：72-75.

黄宇．关于自然教育，你知道多少？｜关注［EB/OL］．［2021-10-31］．https://mp.weixin.qq.com/s/1Ht7h_HtJgvTUWYt2bc-BA.

李卓谦，2014. 新中国环境教育 41 年［J］. 民主与法制时报（10）：1-2.

理查德・洛夫，2014. 林间最后的小孩［M］. 自然之友，王西敏，译．北京：中国发展出版社．

刘铁芳，2012. 自然教育的要义与教育可能性的重建［J］. 当代教育论坛（1）：1-11.

全国自然教育网络，2019. 自然教育行业自律公约［EB/OL］．［2022-05-05］.http：//www.natureeducation.org.cn/web/about/convention?name= 公约联署．

全国自然教育网络，2021. 自然教育通识［M］．北京：中国林业出版社．

闫保华，管美艳．回顾过往，展望未来，推动中国自然教育迈上新台阶［N］. 绿色时报，2022-2-10.

岳伟，徐凤雏，2020. 自然体验教育的价值意蕴与实践逻辑［J］. 广西师范大学学报：哲学社会科学版，56（2）：115-123.

CHAWLA L，2015. Benefits of nature contact for children［J］．Journal of Planning Literature，30（4）：433-452.

MARTHA C，2011. Nussbaum.Creating Capabilities：The Human Development Approach［M］．London，England：Harvard University Press.

SEN A K，1991．Capability and Well-Being［J］．Quality of Life，1991：30-54.

附录一：自然教育相关政策梳理

1. 近 3 年自然教育相关国家政策梳理

2019—2021 年自然教育相关政策梳理					
序号	发布时间	政策名称	发布单位	涉及方向	关键内容
1	2019 年	关于建立以国家公园为主体的自然保护地体系的指导意见	中共中央、国务院	自然教育	（四）建立自然保护地目的……服务社会，为人民提供优质生态产品，为全社会提供科研、教育、体验、游憩等公共服务。 （十八）探索全民共享机制。在保护的前提下，在自然保护地控制区内划定适当区域开展生态教育、自然体验、生态旅游等活动，构建高品质、多样化的生态产品体系……
2	2019 年	关于充分发挥各类自然保护地社会功能，大力开展自然教育工作的通知	国家林业和草原局	自然教育	大力提高对自然教育工作的认识，努力建设具有鲜明中国特色的自然教育体系。
3	2020 年	关于加强林业和草原科普工作的意见	国家林业和草原局、科学技术部、生态环境部	林业科普	（一）传播普及林草科学知识……开展青少年林草科学营、自然教育与森林康养等各类课外科普实践活动。 （三）广泛组织林草科普特色活动……选择有代表性的城市型森林公园、自然保护区和野生动植物园开展室外自然体验活动。

续表

2019—2021年自然教育相关政策梳理					
序号	发布时间	政策名称	发布单位	涉及方向	关键内容
4	2020年	全国三亿青少年森林研学教育活动方案	全国关注森林活动组织委员会	森林研学教育	二、指导思想 ……以构建营地研学实践教育网络为抓手，全面开展青少年走进森林自然教育和研学体验活动，牢固树立人与自然是生命共同体的生态价值观，为建设生态文明和美丽中国作贡献。 四、工作目标 到2020年，全国三亿青少年进森林研学教育活动全面展开，国家青少年自然教育绿色营地试点数量不断增加，自然教育基础设施建设不断完善，青少年参与自然教育热情明显提高。 到2025年，全国三亿青少年进森林研学教育活动体系基本建立，绿色营地生态服务功能充分发挥，全国50%以上青少年参与森林研学教育活动，生态文明意识显著提升。 五、重点任务 （一）普及青少年生态文明教育。 （二）推进国家青少年自然教育绿色营地建设。 （三）搭建广泛交流平台。
5	2020年	大中小学劳动教育指导纲要（试行）	教育部	劳动教育	二、劳动教育的目标和内容 ……小学低年级进行简单手工制作，照顾身边的动植物，关爱生命，热爱自然……小学中高年级初步体验种植、养殖、手工制作等简单的生产劳动，初步学会与他人合作劳动，懂得生活用品、食品来之不易，珍惜劳动成果。
6	2021年	中华人民共和国湿地保护法	全国人民代表大会常务委员会	湿地保护	第七条　各级人民政府应当加强湿地保护宣传教育和科学知识普及工作，通过湿地保护日、湿地保护宣传周等开展宣传教育活动，增强全社会湿地保护意识；鼓励基层群众性自治组织、社会组织、志愿者开展湿地保护法律法规和湿地保护知识宣传活动，营造保护湿地的良好氛围。 教育主管部门、学校应当在教育教学活动中注重培养学生的湿地保护意识。

续表

2019—2021 年自然教育相关政策梳理					
序号	发布时间	政策名称	发布单位	涉及方向	关键内容
7	2021 年	2030 年前碳达峰行动方案的通知	国务院	碳达峰； 碳中和； 生态文明宣传教育	（九）绿色低碳全民行动 加强生态文明宣传教育。将生态文明教育纳入国民教育体系，开展多种形式的资源环境国情教育，普及碳达峰、碳中和基础知识。加强对公众的生态文明科普教育，将绿色低碳理念有机融入文艺作品，制作文创产品和公益广告，持续开展世界地球日、世界环境日、全国节能宣传周、全国低碳日等主题宣传活动，增强社会公众绿色低碳意识，推动生态文明理念更加深入人心。
8	2021 年	关于进一步加强生物多样性保护的意见	中共中央、国务院	生物多样性	九、全面推动生物多样性保护公众参与 （二十二）加强宣传教育。加强生物多样性保护相关法律法规、科学知识、典型案例、重大项目成果等宣传普及，推动新闻媒体和网络平台积极开展生物多样性保护公益宣传，推动生物多样性博物馆建设，推出一批具有鲜明教育警示意义和激励作用的陈列展览，面向地方各级党政干部加大教育培训力度，引导各级党委和政府、企事业单位、社会组织及公众自觉主动参与生物多样性保护。
9	2021 年	关于进一步减轻义务教育阶段学生作业负担和校外培训负担的意见	中共中央、国务院	非学科教育	二、全面压减作业总量和时长，减轻学生过重作业负担 三、提升学校课后服务水平，满足学生多样化需求 ……开展丰富多彩的科普、文体、艺术、劳动、阅读、兴趣小组及社团活动…… 四、坚持从严治理，全面规范校外培训行为

续表

2019—2021 年自然教育相关政策梳理					
序号	发布时间	政策名称	发布单位	涉及方向	关键内容
10	2021 年	“美丽中国，我是行动者”提升公民生态文明意识行动计划（2021—2025 年）	中央宣传部、中央文明办、教育部、共青团中央、全国妇联	生态文明教育	（四）加强生态文明教育，夯实美丽中国建设基础 推动生态文明学校教育。将生态文明教育纳入国民教育体系…… 加强生态文明社会教育……提升各类人群的生态文明意识和环保科学素养。 全面教育行动：……组织、鼓励和支持大中小学生参与课外生态环境保护实践活动，将环保课外实践内容纳入学生综合考评体系……利用各大网络学校平台、视频平台等，构建生态文明网络教育平台。……积极引导基础好、有条件、有意愿的单位，因地制宜建设各具特色、形式多样化的生态文明教育场馆，面向公众开放……
11	2021 年	关于推进儿童友好城市建设的指导意见	国家发展和改革委员会等 23 个部委	自然教育基地	开展儿童友好自然生态建设。建设健康生态环境，推动开展城市儿童活动空间生态环境风险识别与评估评价。推动建设具备科普、体验等多功能的自然教育基地。开展儿童友好公园建设，推进城市和郊野公园设置游戏区域和游憩设施，合理改造利用绿地，增加儿童户外活动空间。

更多政策全文请下载查看：

自然教育相关国家政策 1973—2021

2. 2020—2021 年部分省份自然教育相关政策梳理

序号	政策名称	发布时间	发文机关
1	关于调整黑龙江省自然教育工作组织机构成员有关事宜的通知	2020 年	黑龙江省林业和草原局
2	关于组织开展中小学自然教育活动的通知	2021 年	黑龙江省林业和草原局、黑龙江省教育厅
3	市科学技术协会关于印发 2020—2021 年武汉市自然教育工作方案的通知	2020 年	武汉市园林和林业局、武汉市教育局、武汉市生态环境局、武汉市科学技术协会
4	关于推进全民自然教育发展的指导意见	2020 年	四川省林业和草原局、四川省发展和改革委员会、四川省教育厅、四川省财政厅、四川省农业农村厅、四川省文化和旅游厅、共青团四川省委员会、四川省关心下一代工作委员会
5	关于加快推进自然教育高质量发展的指导意见	2021 年	福建省林业局、福建省教育厅、中共福建省委精神文明建设办公室、中共福建省委省直机关工作委员会、福建省关心下一代工作委员会、福建省关注森林活动执行委员会、福建省发展和改革委员会、福建省财政厅、福建省住房和城乡建设厅、福建省农业农村厅、福建省文化和旅游厅、福建省海洋与渔业厅、福建省总工会、共青团福建省委、福建省妇女联合会
6	关于印发《关于加快推进青海以国家公园为主体的自然保护地体系示范省自然教育高质量发展的指导意见（试行）》《青海以国家公园为主体的自然保护地体系示范省自然教育工作大纲（试行）》的通知	2021 年	青海以国家公园为主体的自然保护地体系示范省建设工作领导小组办公室
7	关于印发《广东省自然教育发展“十四五”规划》的通知	2021 年	广东省林业局

附录二：
自然教育从业者及机构的调研问卷

中国自然教育发展调研 2021
——自然教育从业者及机构的调研问卷

感谢您参与中国自然教育发展调研 2021，您的如实分享对我们非常重要，并将对中国自然教育行业发展有巨大帮助。

请您仔细阅读以下问卷填写提示：

本次调研将有两部分。问卷将自然教育定义为“在自然中实践的、倡导人与自然和谐关系的教育”，我们诚邀从事自然教育的主体参与填写，包括但不限于开展自然教育的自然保护地、城市公园、自然学校、教育型农场、城市社区组织及个人等。

第一部分由自然教育行业的工作者作答，需时 6~10 分钟。

第二部分有关您所在的机构。这部分由机构负责人或自然教育项目负责人作答；若您非机构负责人或自然教育项目负责人，请在贵机构的相关负责人指导下作答。这部分需时 6~10 分钟。

本问卷所有数据仅用于研究，原始问卷将对外保密，请您按照真实情况填写，非常感谢您的支持！此问卷将会自动储存您的回答记录，您可以点击右侧“保存”。在关掉浏览器以后，您可以随时访问同一链接以继续此调查。本次调研的部分结果将于 6 月 5 日世界环境日发布，并提供丰富的奖品福利。如您期待领取福利、获得报告电子版本，请于问卷结尾填写您的姓名及联系方式，参与问卷结束后的抽奖环节。获奖后工作人员将与您联系。

全国自然教育网络

2022 年 3 月 20 日

1. 您属于以下哪个年龄段？［单选题］

○ 01　18 岁以下

○ 02　18~30 岁

○ 03　31~40 岁

○ 04　41~50 岁

○ 05　50 岁以上

2. 以下哪一项描述最符合您现在的身份？［单选题］

○ 01　自然教育机构从业人员（包括全 / 兼职、志愿者、实习生等）

○ 02　自然教育机构服务提供商（本机构有与自然教育相关的部门或中心，而且该部门是由全职的员工营运）（如场地提供、教材出版等）

○ 03　我过去曾在自然教育机构工作过，现在已经离开了这行业（请跳至第 4 题）

○ 04　自然教育自由职业者或正在寻找自然教育的工作（请跳至第 4 题）

○ 05　我从未在自然教育领域工作过，而且我工作的机构没有与自然教育相关的部门或中心

3. 以下哪一项描述最符合您现在的工作类型？［单选题］

○ 01　全职

○ 02　兼职

○ 03　志愿者 / 实习生

○ 04　其他（请注明）________________

第一部分　自然教育从业者

一、自然教育经历

4. 您在自然教育行业总计从业了多少年？［单选题］

○ 01　少于 6 个月

○ 02　6 个月至 1 年

○ 03　1~3 年

○ 04　3~5 年

○ 05　5~10 年

○ 06　10 年以上

5. 您在自然教育中最擅长的方向是什么？目前正在从事的内容是什么？［矩阵多选题］

请选择所有适用的选项。

项　目	擅长方向	从事内容
01　自然体验的引导	□	□
02　户外拓展	□	□
03　自然科普 / 讲解	□	□
04　环保理念的传递和培育	□	□
05　社区营造	□	□
06　自然艺术	□	□
07　课程和活动设计	□	□
08　农耕体验和园艺	□	□
09　自然疗愈	□	□
10　自然教育人才培训	□	□
11　市场运营	□	□
12　财务和机构的管理	□	□
13　安全、健康管理	□	□
14　风险管理与应对	□	□
15　其他	□	□

二、自然教育认知

6. 您第一次接触自然教育是通过什么途径？［多选题］

请选择所有适用的选项。

□ 01　求职网站

□ 02　自然教育机构网站

☐ 03　朋友介绍

☐ 04　参加过自然教育机构的培训或活动

☐ 05　通过高校就业指导部门

☐ 06　其他（请注明）________________

7. 您所接触过的自然教育课程 / 活动直接使参与者实现了以下哪些目标？［排序题，请在中括号内依次填入数字］

请最多选择 3 项并排序。其中，1 作为您的第一选择，2 作为您的第二选择，3 作为您的第三选择。

[　] 01　进一步认识和感知自然

[　] 02　在自然中认识自我

[　] 03　学习与自然相关的科学知识

[　] 04　学习衍生技能（园艺种植、户外生存等）

[　] 05　培养有益于个人长期发展的习惯（专注力等）

[　] 06　加强人与自然的联系，建立对大自然的热爱

[　] 07　学习保护和改善环境的知识、态度和价值观

[　] 08　在活动中产生有利于自然环境的行为

[　] 09　创造有利于自然环境的长期行动

[　] 10　加强社区连接，共同营造社区发展

[　] 11　其他（请注明）________________

8. 您认为您所在的自然教育机构正面临哪些挑战？［排序题，请在中括号内依次填入数字］

请最多选择 3 项并排序。其中，1 作为您的第一选择，2 作为您的第二选择，3 作为您的第三选择。

[　] 01　可用来进行自然教育的场地不足

[　] 02　很难盈利或盈利少

[　] 03　缺乏人才

[　] 04　公众兴趣不足（公众对其他活动比较有兴趣）

[　] 05　社会认可不足（包括员工家人的支持）

[　] 06　缺乏政策去推动行业发展

[ ] 07 缺乏行业规范

[ ] 08 其他（请注明）________________

[ ] 09 不知道

三、自然教育从业动机

9. 您认为推动您从事自然教育行业的因素是什么？［多选题］

请选择所有适用的选项。

□ 01 符合个人能力（如擅长指导、设计课程）

□ 02 自然教育行业有良好职业发展机会

□ 03 薪酬及福利好

□ 04 所学专业与自然教育相关

□ 05 朋友家人推荐

□ 06 拥有相关行业的经验（如幼儿教育、环保宣传及保护等）

□ 07 热爱自然

□ 08 喜欢从事教育和与孩子互动的工作

□ 09 其他（请注明）________________

□ 10 不清楚

10. 您认为自然教育从业者应该具备哪些专业素养？［多选题］

请选择所有适用的选项。

□ 01 自然教育基础概念

□ 02 生态知识

□ 03 自然观察

□ 04 自然体验

□ 05 安全管理

□ 06 活动组织带领

□ 07 儿童心理学相关

□ 08 教育学相关

□ 09 其他（请注明）________________

四、工作满意度与职业规划

11. 您对现有的自然教育工作的整体满意度是？［单选题］

○ 01　非常不满意

○ 02　比较不满意

○ 03　一般

○ 04　比较满意

○ 05　非常满意

12. 请就您当前的工作，对下列各方面进行满意度的评价。［矩阵单选题］

方　面	01 很不满意	02 不满意	03 一般	04 满意	05 很满意
职业发展机会	○	○	○	○	○
匹配个人兴趣	○	○	○	○	○
匹配个人能力专长	○	○	○	○	○
创造社会价值	○	○	○	○	○
薪酬福利待遇	○	○	○	○	○
能力培养和建设	○	○	○	○	○
日常评估和整体绩效管理	○	○	○	○	○
工作环境（如地点、设施的质量等）	○	○	○	○	○
团队文化	○	○	○	○	○
工作与生活的平衡	○	○	○	○	○
行业的发展	○	○	○	○	○
领导的支持	○	○	○	○	○

13. 您现在有多大的可能性会把自然教育作为您的长期职业选择？［单选题］

○ 01　极不可能

○ 02　不太可能

○ 03　有可能

○ 04　极有可能

○ 05　不清楚 / 不肯定

14. 以下哪一项最符合您未来 1~3 年的工作计划？［单选题］

○ 01　保持现状

○ 02　在机构内转岗

○ 03　在机构内升职

○ 04　换同行机构

○ 05　在与自然教育相关的专业念书深造

○ 06　在新的领域（与自然教育无关）念书深造

○ 07　创办自己的自然教育机构

○ 08　离开自然教育领域，转入其他行业

○ 09　其他（请注明）________________

○ 10　不知道

五、基础信息

15. 您现在居住于中国哪个省、直辖市或自治区？［填空题］

____

16. 请问您的性别是？［单选题］

○ 01　男

○ 02　女

○ 03　其他

17. 请问您的最高学历是？［单选题］

○ 01　高中及以下

○ 02　大专

○ 03　本科

○ 04　硕士及以上

18. 您的最高学历属于以下哪一类？［单选题］

○ 01 教育学

○ 02 心理学 / 社会学

○ 03 农学

○ 04 环境

○ 05 生物科学

○ 06 历史、地理

○ 07 中文、外语

○ 08 设计、艺术

○ 09 体育

○ 10 旅游

○ 11 管理学

○ 12 其他（请注明）________________

19. 请问您的月薪属于以下哪一个范围？［单选题］

税后收入，包括奖金、补贴等其他类型收入，以人民币计。

○ 01 没有薪水，我是义务参与自然教育工作的

○ 02 小于 3000 元

○ 03 3000~5000 元

○ 04 5001~8000 元

○ 05 8001~10000 元

○ 06 10001~15000 元

○ 07 15001~20000 元

○ 08 20000 元以上

20. 以下哪一项最符合您的工作级别或岗位？［单选题］

○ 01 理事会成员或同等级别

○ 02 机构负责人或同等级别

○ 03 项目负责人或同等级别

○ 04 项目专员或同等级别

○ 05 项目助理或同等级别

○ 06　独立工作者

○ 07　其他（请注明）________________

21. 贵机构的名称：____；贵机构成立于：_________年。[填空题]

第二部分　自然教育机构

22. 您是否正代表您的自然教育机构回答此调查？[单选题]

○ 01　是（如我是自然教育机构的机构负责人或自然教育项目负责人或在相关负责人指导下填写，请注意，您所属的机构应只参与调研一次）

○ 02　否（请跳至第 53 题）

一、机构信息

23. 贵机构所在省份城市与地区。[填空题]

____

24. 以下哪个最符合贵机构的描述？ [单选题]

○ 01　事业单位、政府部门及其直属机构

○ 02　注册公司或商业团体

○ 03　草根 NGO

○ 04　基金会

○ 05　个人（自由职业者）或社群

○ 06　其他（请注明）________________

25. 机构类型。[多选题]

请选择所有适用的选项。

□ 01　自然保护区

□ 02　国家公园

☐ 03　风景名胜区

☐ 04　植物园

☐ 05　保护小区 / 社区保护地

☐ 06　自然学校

☐ 07　自然教育中心

☐ 08　博物馆

☐ 09　教育型农场

☐ 10　社区组织

☐ 11　其他（请注明）______________

26. 以下哪一项最符合贵机构的 2021 年业务开展主要范围？［单选题］

○ 01　本市 / 本地区

○ 02　本省

○ 03　本省及邻近省份

○ 04　全国

○ 05　全世界多个国家

27. 贵机构历年平均开展自然教育活动的次数为？2021 年开展自然教育活动的次数为？［矩阵单选题］

年份	01 0~10 次	02 11~30 次	03 31~50 次	04 51~100 次	05 101~200 次	06 201~500 次	07 500 次以上
历年	○	○	○	○	○	○	○
2021 年	○	○	○	○	○	○	○

28. 贵机构历年平均大约有多少人次参与贵机构所提供的自然教育活动？2021 年呢？［矩阵单选题］

同一人参加 2 次活动为 2 人次。

年份	01 少于 500 人次	02 500~1000 人次	03 1001~5000 人次	04 5001~10000 人次	05 多于 10000 人次	06 不清楚
历年	○	○	○	○	○	○
2021 年	○	○	○	○	○	○

29. 在 2021 年中参加 2 次及以上的人占总人数（非人次）的比例是多少？［单选题］

○ 01　少于 20%

○ 02　20%~40%

○ 03　41%~60%

○ 04　多于 60%

○ 05　不清楚

30. 贵机构曾在以下哪些场地开展过自然教育活动？［多选题］

请选择所有适用的选项。

□ 01　自然保护区

□ 02　市内公园

□ 03　植物园

□ 04　有机农庄

□ 05　其他（请注明）________________

31. 以下哪项描述最符合贵机构的自然教育活动的场地？［多选题］

□ 01　自营基地

□ 02　自有场地

□ 03　租用场地

□ 04　其他（请注明）________________

32. 贵机构内与自然教育（包含上题中提到的所有活动类型）相关的硬件设施有哪些？［多选题］

□ 01　博物馆、宣教馆、科普馆、自然教室等

□ 02　导览路线

□ 03　公共卫生间、休憩点

□ 04　观景台

□ 05　木栈道、索道、吊桥等

□ 06　宾馆等住宿场所

□ 07　餐厅

☐ 08　其他（请注明）________________

33. 贵机构场地总面积为：________________平方米；用于开展自然教育的面积比例为：________________（百分比）；场地由机构________________部门管理。［填空题］

二、提供的服务

34. 2021 年，贵机构服务的主要人群是？［多选题］

请选择所有适用的选项。

☐ 01　团体类型［团体类型客户可包括政府（含保护区）、公司企业、同行、学校等］

☐ 02　公众个体

35. 贵机构服务的团体类型客户具体是？［多选题］

请最多选择最主要的 3 项。

☐ 01　小学学校团体（学校组织学生）

☐ 02　初中学校团体（学校组织学生）

☐ 03　高中学校团体（学校组织学生）

☐ 04　高等院校团体（学校组织学生）

☐ 05　学校团体（学校组织职工）

☐ 06　企业团体

☐ 07　公众团体（公众自发组团）

☐ 08　政府机构（含保护区）

☐ 09　其他（请注明）________________

36. 贵机构服务的公众个体客户具体是？［多选题］

请最多选择最主要的 3 项。

☐ 01　学前儿童（非亲子）

☐ 02　小学生（非亲子）

☐ 03　初中生

☐ 04　高中生

☐ 05　大学生

□ 06　亲子家庭

□ 07　成年公众

□ 08　其他（请注明）________________

37. 2021 年，贵机构为团体类型的客户提供的服务有哪些？［多选题］

请选择所有适用的选项。

□ 01　自然教育活动承接

□ 02　自然教育能力培训

□ 03　自然教育项目咨询（如项目设计、课程研发等）

□ 04　自然教育场地的运营管理

□ 05　提供场地租赁或基地建设

□ 06　行业研究

□ 07　行业网络建设

□ 08　其他（请注明）________________

□ 09　我的机构并不向团体客户提供服务

38. 2021 年，贵机构为公众个体提供的服务有哪些？［多选题］

请选择所有适用的选项。

□ 01　自然教育体验活动 / 课程

□ 02　餐饮服务

□ 03　住宿服务

□ 04　商品出售

□ 05　旅行规划

□ 06　解说展示

□ 07　场地、设施租赁

□ 08　其他（请注明）________________

□ 09　我的机构并不向公众提供服务

39. 2021 年，贵机构最主要通过以下哪些方式进行自然教育？［多选题］

请最多选择最主要的 3 项。

☐ 01 自然科普 / 讲解
☐ 02 自然艺术（绘画、戏剧、音乐、文学等）
☐ 03 农耕体验和园艺（种植、收割、酿制、食材加工等）
☐ 04 自然观察
☐ 05 阅读（自然读书会等）
☐ 06 户外拓展（徒步、探险、户外生存等）
☐ 07 自然游戏
☐ 08 自然疗愈
☐ 09 环保理念的传递和培育
☐ 10 其他（请注明）________________

40.2021 年，贵机构所提供常规本地自然教育课程（非冬夏令营）的人均费用是?［单选题］

○ 01 人民币 100 元以下 /（人 · 天）
○ 02 人民币 100~200 元 /（人 · 天）
○ 03 人民币 201~300 元 /（人 · 天）
○ 04 人民币 301~500 元 /（人 · 天）
○ 05 人民币 500 元以上 /（人 · 天）
○ 06 免费
○ 07 本机构未提供过类似服务

41. 贵机构曾开展过以下哪些工作?［多选题］

请选择所有适用的选项。

☐ 01 外聘生态、教育、户外等领域的专家
☐ 02 自创教材
☐ 03 提供某主题的系统性自然教育系列课程（即非单次性的活动）
☐ 04 核心客户群体的社群运营
☐ 05 对自然教育市场进行相关调研
☐ 06 推动自然教育行业区域发展的相关事宜（如召集相同区域的同行就某一议题进行讨论）

□ 07　以上皆无

□ 08　不清楚

42. 贵机构如何评估目前机构所开展的自然教育活动？［多选题］

请选择所有适用的选项。

□ 01　对参与者进行满意度调查

□ 02　对参与者进行活动前后测评

□ 03　职员互相观察与互评

□ 04　委托专业机构进行评估

□ 05　社交媒体信息跟踪

□ 06　其他（请注明）________________

□ 07　尚未进行评估

三、雇员与财政情况

43. 贵机构 2020 年运营的总成本费用为多少？ 2021 年呢？［矩阵单选题］

年份	01 人民币 10 万元以下	02 人民币 10 万～20 万元	03 人民币 21 万～30 万元	04 人民币 31 万～50 万元	05 人民币 51 万～100 万元	06 人民币 101 万～500 万元	07 人民币 501 万～1000 万元	08 人民币 1000 万以上	09 不清楚
2020 年	○	○	○	○	○	○	○	○	○
2021 年	○	○	○	○	○	○	○	○	○

44. 贵机构在 2020 年的资金主要来源是什么？ 2021 年呢？［矩阵多选题］

年份	01 门票收入	02 餐饮服务收入	03 住宿服务收入	04 会员年费	05 课程方案收入	06 来自政府的专项经费	07 其他组织的辅助	08 公益捐款	09 线上课程	10 远程指导	11 无资金注入	12 其他	13 不清楚／不适用
2020 年	□	□	□	□	□	□	□	□	□	□	□	□	□
2021 年	□	□	□	□	□	□	□	□	□	□	□	□	□

45. 贵机构在 2020 年的自然教育中主要的支出项目是什么？ 2021 年呢？［矩阵多选题］

年份	01 场地提升	02 硬件设施购买建设	03 教育人员聘请	04 课程开发	05 活动运营	06 其他
2020 年	□	□	□	□	□	□
2021 年	□	□	□	□	□	□

46. 贵机构在 2020 年的收益情况如何？ 2021 年呢？［矩阵单选题］

年份	01 盈利 30% 以上	02 盈利 10%~30%	03 盈利 少于 10%	04 盈亏平衡	05 亏损 少于 10%	06 亏损 10% 以上	07 不收费	08 不清楚
2020 年	○	○	○	○	○	○	○	○
2021 年	○	○	○	○	○	○	○	○

47. 贵机构目前的全职人员数量是＿＿＿＿＿＿人，女性职员数量是＿＿＿＿＿＿人，非全职人员（包括志愿者、实习生、兼职等）数量是＿＿＿＿＿＿人，自有全职自然教育导师数量是＿＿＿＿＿＿人，课程内容研发人员数量是＿＿＿＿＿＿人。［填空题］

48. 贵机构会以哪些方式提升员工的专业技能？［多选题］

请选择所有适用的选项。

□ 01　鼓励员工正式修课或取得学位

□ 02　定期举办内部员工培训

□ 03　鼓励员工参与外部举办的工作坊和研讨会

□ 04　安排员工参观其他单位，进行访问

□ 05　参与课程的研发

□ 06　由资深员工辅导新员工

□ 07　为员工提供进修资助

□ 08　其他（请注明）＿＿＿＿＿＿＿＿

□ 09　不清楚

49. 贵机构在未来 1~3 年最重要的工作会是什么？［排序题，请在中括号内依次填入数字］

请选择最多 3 项并进行排序。其中，1 作为您的第一选择，2 作为您的第二选择，3 作为您的第三选择。

[ ] 01 融资 / 解决现金流问题

[ ] 02 研发课程、建立课程体系

[ ] 03 提高团队在自然教育专业的商业能力

[ ] 04 市场开拓

[ ] 05 基础建设（如自然教育基地建设）

[ ] 06 提升机构的内部行政管理能力及内部激励

[ ] 07 制定客户群体的维护策略并实施

[ ] 08 业务调整

[ ] 09 强化核心优势，提高竞争门槛

[ ] 10 安全管理优化

[ ] 11 其他（请注明）________________

[ ] 12 不清楚

四、机遇与挑战

50. 贵机构正面临哪些挑战？［排序题，请在中括号内依次填入数字］

请选择最多 3 项并进行排序。其中，1 作为您的第一选择，2 作为您的第二选择，3 作为您的第三选择。

[ ] 01 可用来进行自然教育的场地不足

[ ] 02 缺乏经费

[ ] 03 缺乏人才

[ ] 04 缺乏公众兴趣（与其他活动在公众兴趣上有冲突）

[ ] 05 社会认同不足（包括员工家人的支持）

[ ] 06 缺乏政策去推动行业发展

[ ] 07 缺乏行业规范

[ ] 08 缺乏安全管理

[ ] 09 其他（请注明）________________

五、自然教育机构能力培养

51. 贵机构目前最希望得到投资者 / 资助者哪一种形式的支持？［排序题，请在中括号内依次填入数字］

请选择最多 3 项并进行排序。其中，1 作为您的第一选择，2 作为您的第二选择，3 作为您的第三选择。

[　] 01　资金入股

[　] 02　无息贷款

[　] 03　限定性资金资助（如专业咨询、人员能力建设等）

[　] 04　非限定性资金资助（可根据机构的需求自行安排使用方向）

[　] 05　专业指导（如在运营管理上）

[　] 06　利用投资者 / 资助者现有资源，进行客户引入，平台推广

[　] 07　现有技术或产品支持等

[　] 08　其他（请注明）________________

52. 贵机构目前希望寻找哪些类型的合作伙伴？［多选题］

□ 01　能够为开办自然教育课程提供所需要场地

□ 02　帮助贵机构研发课程并提供专业培训的同行伙伴

□ 03　担任开展异地自然教育活动时的对接伙伴

□ 04　能够共同推动自然教育发展的有影响力的媒体（包括自媒体）

□ 05　其他（请注明）________________

□ 06　不寻求合作伙伴

53. 为了推动自然教育的良性发展，您是否还有其他建议或意见？［填空题］

____

感谢您抽出宝贵的时间参加此调研。已记录您的回复。

附录三：
自然教育服务对象：公众的调研问卷

中国自然教育发展调研 2021
——关于自然教育服务对象：公众的调研问卷

尊敬的问卷填写者：

您好！

感谢您参与本次调研，本调研是由中国林学会、生态环境部宣传教育中心主持，由全国自然教育网络实施。本问卷旨在了解成年市民对自然教育的了解及需求情况，以期更好地优化行业发展。您的如实分享对我们非常重要，并将对我国自然教育的发展带来巨大的帮助。

本调研中所指的自然教育的定义是“在自然中实践的、倡导人与自然和谐关系的教育。它是有专门引导和设计的教育课程或活动，如保护地和公园自然解说 / 导览，自然笔记、自然观察、自然艺术等”。

此次调研面向北京、上海、广州、成都、厦门、深圳、杭州、武汉 8 个城市的成年市民进行，在回答问卷前，请仔细阅读每一道题。回答时请选择最能反映您看法的选项。答案没有对错，请如实回答每道问题。

请放心，您的答案将被严格保密，所有数据仅用于研究，我们不会披露答题人的个人信息。

本次调研需要 6~10 分钟，问卷内容稍多，建议您抽出完整时间，在电脑上操作填写。请您按照真实情况进行填写。

再次感谢您的支持！问卷填写过程中有何问题可以随时联系小助手，期待您的作答！

一、基本信息

1. 您目前居住在哪个城市？[单选题]

○ 01　北京

○ 02　上海

○ 03　广州

○ 04　成都

○ 05　厦门

○ 06　昆明（请跳至第 33 题）

○ 07　福州（请跳至第 33 题）

○ 08　西安（请跳至第 33 题）

○ 09　沈阳（请跳至第 33 题）

○ 10　天津（请跳至第 33 题）

○ 11　南宁（请跳至第 33 题）

○ 12　重庆（请跳至第 33 题）

○ 13　南京（请跳至第 33 题）

○ 14　济南（请跳至第 33 题）

○ 15　深圳

○ 16　杭州

○ 17　哈尔滨（请跳至第 33 题）

○ 18　武汉

○ 19　其他（请跳至第 33 题）

2. 请问您属于以下哪个年龄段？[单选题]

○ 01　18 岁以下（请跳至第 34 题）

○ 02　18~25 岁

○ 03　26~30 岁

○ 04　31~35 岁

○ 05　36~40 岁

○ 06　41~45 岁

○ 07　46~50 岁

○ 08　50 岁以上

3. 请问您的性别是什么？[单选题]

○ 01　男

○ 02　女

○ 03　其他

4. 请问您的最高学历是什么？[单选题]

○ 01　高中及以下

○ 02　大专

○ 03　本科

○ 04　硕士及以上

5. 以下哪一项描述最符合您的职业状况？［单选题］

○ 01　在校大学生

○ 02　专家、技术人员及有关工作者

○ 03　政府官员和企业经理

○ 04　销售工作者

○ 05　服务工作者

○ 06　农业、牧业、林业工作者及渔民、猎人

○ 07　生产和有关工作者、运输设备操作者和劳动者

○ 08　其他（请注明）________________

6. 以下哪一项描述最符合您的婚姻状况？[单选题]

○ 01　单身，未婚

○ 02　已婚

○ 03　离异

○ 04　丧偶

○ 05　其他

○ 06　不愿透露

7. 您的家庭成员中有多少个 18 岁以下的孩子？[单选题]

○ 01　0 个（请跳至第 9 题）

○ 02　1 个

○ 03　2 个

○ 04　3 个

○ 05　4 个或以上

8. 您的孩子或孩子们现在处于哪个或哪些年龄段？[多选题]

请选择所有适用项。

□ 01　未到上幼儿园的年龄

□ 02　幼儿园 / 学前班

□ 03　小学 1~3 年级

□ 04　小学 4~6 年级

□ 05　初中

□ 06　高中

□ 07　大学及以上

□ 08　不便透露

9. 请问您的每月家庭收入是多少？[单选题]

○ 01　人民币 3000 元以下

○ 02　人民币 3000~4999 元

○ 03　人民币 5000~7999 元

○ 04　人民币 8000~9999 元

○ 05　人民币 10000~14999 元

○ 06　人民币 15000~19999 元

○ 07　人民币 20000~49999 元

○ 08 人民币 50000~99999 元

○ 09 人民币 100000 元或以上

○ 10 不便透露

二、对自然教育的认知态度

10. 您在多大程度上认同以下的描述？[矩阵量表题]

描　述	01 非常不认同	02 有点不认同	03 没有特别认同或不认同	04 有点认同	05 非常认同
我认同与大自然和谐相处的理念并努力践行	○	○	○	○	○
我很享受身处在大自然当中	○	○	○	○	○
我积极支持旨在解决环境问题的活动和 / 或行动	○	○	○	○	○
我愿意努力减少自己对环境和大自然带来的负面影响	○	○	○	○	○
我在尽最大的能力去保护环境和大自然	○	○	○	○	○
我致力于改善自己和家人的健康和环境	○	○	○	○	○
我的业余时间都会尽量花在与家人或朋友相处	○	○	○	○	○
我喜欢做运动以此保持身心健康	○	○	○	○	○
身处大自然中让我感到很多乐趣和享受	○	○	○	○	○
身处大自然中让我挑战自己和尝试新事物	○	○	○	○	○
业余时间，我总是为自己和家人优先安排户外活动	○	○	○	○	○

11. 您或您的孩子曾在过去 12 个月内参与过以下哪些活动？[多选题]

请选择所有适用的选项。

□ 01 参观植物园

□ 02 参观博物馆

□ 03 参观动物园 / 动物救护中心

□ 04 观察野外的动植物

□ 05 大自然摄影

□ 06 户外写生

□ 07 种植 / 耕作

□ 08 野餐

☐ 09　露营

☐ 10　徒步 / 攀岩

☐ 11　到海滩

☐ 12　户外体育运动（如跑步、骑自行车、球类活动等）

☐ 13　健身 / 瑜伽

☐ 14　手工活动

☐ 15　阅读（非教科书类）

☐ 16　玩电子游戏

☐ 17　玩乐器

☐ 18　参加音乐会 / 演唱会

☐ 19　以上皆无

12. 花时间在自然当中对您来说有多重要？[单选题]

请从 0~10 的刻度评分，其中，0 代表「非常不重要」，10 代表「非常重要」。

○ 0 非常不重要	○ 1	○ 2	○ 3	○ 4	○ 5	○ 6	○ 7	○ 8	○ 9	○ 10 非常重要

13. 让您的孩子花时间在自然当中对您来说有多重要？[单选题]

请用从 0~10 的刻度评分，其中，0 代表「非常不重要」，10 代表「非常重要」。

○ 0 非常不重要	○ 1	○ 2	○ 3	○ 4	○ 5	○ 6	○ 7	○ 8	○ 9	○ 10 非常重要

14. 您和 / 或您的家人多久会参与一次在自然环境中的户外活动（如公园、郊野、森林、湿地等）？[单选题]

○ 01　多于每周 1 次

○ 02　每周 1 次

○ 03　每月 2~3 次

○ 04　每月 1 次

○ 05　每季度 1~2 次

○ 06　每年 2~3 次

○ 07　1 年 1 次

○ 08　少于 1 年 1 次

○ 09　从未

15. 您会如何评价自己对大自然的了解程度？[单选题]

请从 0~10 的刻度评分，其中，0 代表「非常不了解」，10 代表「非常了解」。

○ 0 非常不了解	○ 1	○ 2	○ 3	○ 4	○ 5	○ 6	○ 7	○ 8	○ 9	○ 10 非常重要

三、参与自然教育活动的情况

16. 您如何评价您对自然教育的了解程度？[单选题]

请从 0~10 的刻度评分，其中，0 代表「非常不了解」，10 代表「非常了解」。

○ 0 非常不了解	○ 1	○ 2	○ 3	○ 4	○ 5	○ 6	○ 7	○ 8	○ 9	○ 10 非常重要

17. 您参加过以下哪种类型的课程或活动？ [多选题]

请选择所有适用的选项。

□ 01　保护地或公园自然解说 / 导览

□ 02　自然笔记

□ 03　自然观察

□ 04　自然教育营地活动

□ 05　其他在自然中，倡导人与自然和谐关系的，且有专门的引导和设计的教育或活动（如农耕体验）

□ 06　以上都没有

□ 07　不清楚

18. 您的孩子参与过以下哪种类型的课程或活动？[多选题]

请选择所有适用的选项。

□ 01　保护地或公园自然解说 / 导览

□ 02　自然笔记

□ 03　自然观察

☐ 04　自然教育营地活动

☐ 05　其他在自然中，倡导人与自然和谐关系的，且有专门的引导和设计的教育或活动（如农耕体验）

☐ 06　以上都没有

☐ 07　不清楚

19. 您的孩子或孩子们是在哪个或哪些年龄段参加自然教育的课程或活动的？[多选题]

请选择所有适用的选项。

☐ 01　未到上幼儿园的年龄

☐ 02　幼儿园 / 学前班

☐ 03　小学 1~3 年级

☐ 04　小学 4~6 年级

☐ 05　初中

☐ 06　高中

☐ 07　大学及以上

20. 过去一年中，您或您的孩子参与自然教育活动的消费金额为？［单选题］

○ 01　人民币 500 元及以下

○ 02　人民币 500~1000 元

○ 03　人民币 1001~3000 元

○ 04　人民币 3001~5000 元

○ 05　人民币 5001~10000 元

○ 06　人民币 10000 元以上

21. 请您从下面的列表中，选择所有您认为参与自然教育活动能够帮助您或您的孩子发展或提高的领域。[多选题]

请选择所有适用的选项。

☐ 01　自信心

☐ 02　独立能力

☐ 03　友谊

□ 04　领导才能

□ 05　机智

□ 06　对环境的关注

□ 07　对大自然和保护大自然的兴趣

□ 08　衍生技能（如园艺种植、户外拓展等）

□ 09　解决问题的能力

□ 10　身体发育 / 强身健体

□ 11　感觉与大自然更融洽

□ 12　同情心

□ 13　对人和大自然的责任心

□ 14　其他（请注明）________________

四、参与自然教育情况的动机

22. 在下面的列表中，您认为哪些原因最能推动您或您的孩子参与自然教育活动？［排序题，请在中括号内依次填入数字］

请选择 5 个选项并按重要性进行排序，其中，1 代表最重要的原因。

[　　] 01　学习与自然相关的科学知识

[　　] 02　在自然中认识自我

[　　] 03　学习衍生技能（园艺种植、户外拓展等）

[　　] 04　养成有益个人长期发展的习惯（专注力等）

[　　] 05　加强人与自然的联系，建立对自然的尊重、珍惜和热爱

[　　] 06　在活动中产生有利于自然环境的行为和长期行动的基础

[　　] 07　加强社区连接，共同营造社区发展

[　　] 08　在自然中放松、休闲和娱乐

[　　] 09　为孩子或自己提供与其他同龄人相处的机会

[　　] 10　培养对自然的好奇心和兴趣

[　　] 11　将自然教育作为学校教育的补充，或作为个人成长的渠道

[　　] 12　可以参加有刺激性、冒险性的活动

[　　] 13　为自己提供一个安全并且大家互相帮助的环境

[　　] 14　学习包容并支持鼓励多元化的群体

23. 您认为您或您的孩子参加自然教育活动的主要阻力是什么？[排序题，请在中括号内依次填入数字]

请选择最多 3 个选项并按重要性进行排序，其中，1 代表最重要的选项。

[ ] 01 对活动的安全性有顾虑

[ ] 02 时间不够：工作太忙或孩子的学业太忙

[ ] 03 对大自然没兴趣

[ ] 04 活动价格太高

[ ] 05 活动的地点太远

[ ] 06 无法获取足够的有关自然教育活动的信息

[ ] 07 活动的质量不好或缺乏趣味性

[ ] 08 对本地自然教育组织及从业人员缺乏信心

[ ] 09 报名的程序困难

[ ] 10 自然教育活动不值得付钱

[ ] 11 不喜欢在大自然中的感觉

五、对自然教育活动的满意程度

24. 对您或您的孩子参加过的自然教育活动或课程，您的总体满意程度如何？[单选题]

○ 01 非常不满意

○ 02 比较不满意

○ 03 一般

○ 04 比较满意

○ 05 非常满意

25. 对您或者您的孩子参加过的自然教育活动或课程，您在以下各个方面的满意程度如何？[矩阵量表题]

方　面	01 非常不满意	02 比较不满意	03 一般	04 比较满意	05 非常满意
课程效果（参与者的感受和收获）	○	○	○	○	○
带队老师的专业性	○	○	○	○	○

续表

方　面	01 非常不满意	02 比较不满意	03 一般	04 比较满意	05 非常满意
带队老师和参与者的互动	○	○	○	○	○
后勤服务及行政管理	○	○	○	○	○
营造的良好社群氛围	○	○	○	○	○
客户的后期维护	○	○	○	○	○

26. 您从以下哪些渠道了解到有关您或您的孩子参加的自然教育活动的信息？[多选题]

请选择所有适用的选项。

□ 01　自然教育机构的网站

□ 02　自然教育机构的自媒体（如自然教育机构的微博、微信公众号等）

□ 03　自然教育机构在机构以外的媒体平台所发布的广告（如报纸、杂志、电视、网络广告等）

□ 04　自然教育机构自身以外的社交媒体

□ 05　媒体的新闻报道

□ 06　政府网站

□ 07　环境和社会倡导团体等公益组织

□ 08　朋友和家人的介绍推荐

□ 09　孩子的学校

□ 10　某些活动或场地

□ 11　其他（请注明）________________

□ 12　不知道 / 不记得

六、未来参与自然教育活动的倾向

27. 您或您的孩子对哪种类型的自然教育活动最感兴趣？[排序题，请在中括号内依次填入数字]

请选择最多 3 项并按感兴趣的程度进行排序，其中，1 代表最感兴趣的。

[　　] 01　大自然体验类：如在大自然中嬉戏，体验自然生活

[　　] 02　农耕类：如生态农耕体验、自然农法工作坊等

[　] 03　博物、环保科普认知类：如了解动植物或环境等的相关科普知识
[　] 04　专题研习：如和科学家一同保护野生物种
[　] 05　户外探险类：如攀岩、探洞等
[　] 06　研学旅行：如了解当地的动植物、人文环境
[　] 07　工艺手作类：如艺术工作坊、创意手工等

28. 您认为参加一项自然教育活动的合理价格是什么？[矩阵单选题]

活动类型	01 人民币 100 元以下 /（人·天）	02 人民币 100~200 元 /（人·天）	03 人民币 200~300 元 /（人·天）	04 人民币 300~500 元 /（人·天）	05 人民币 500 元以上 /（人·天）	06 只参与免费活动
成人活动	○	○	○	○	○	○
儿童 / 学生活动（非夏令营和冬令营）	○	○	○	○	○	○

29. 您认为您或您的孩子在未来 12 个月内参加自然教育活动的频次如何？[单选题]

○ 01　少于每季度 1 次
○ 02　每季度 1 次
○ 03　每 2 个月 1 次
○ 04　每月 1 次
○ 05　每月 2~3 次
○ 06　每周 1 次
○ 07　每周 1 次以上
○ 08　不知道

30. 您认为您或您的孩子在未来 12 个月内参加自然教育活动的可能性有多大？[单选题]

○ 01　非常不可能
○ 02　比较不可能
○ 03　比较可能
○ 04　非常可能
○ 05　不清楚 / 不肯定

31. 您认为您或您的孩子在未来 12 个月有意向投入自然教育活动的消费金额为？［单选题］

○ 01　人民币 500 元及以下

○ 02　人民币 501~1000 元

○ 03　人民币 1001~3000 元

○ 04　人民币 3001~5000 元

○ 05　人民币 5001~10000 元

○ 06　人民币 10000 元以上

32. 当您为您或您的孩子选择自然教育活动时，您认为最重要的因素是什么？［单选题］

○ 01　组织活动的机构的声誉

○ 02　课程价格

○ 03　指导教练或领队老师的素质和专业性

○ 04　课程主题和内容设计

○ 05　是否对孩子成长有益

○ 06　其他（请注明）________________

感谢您的积极参与，此问卷目前仅收集北京、上海、广州、深圳、杭州、武汉、厦门、成都 8 个城市且 18 周岁以上的自然教育公众的相关反馈。

感谢您的宝贵时间，欢迎您持续关注全国自然网络，支持自然教育的发展。

后 记

随着您翻阅至本书的最后，我们共同完成了一段关于中国自然教育发展的回溯与探索。在这篇后记中，我们想邀请您一同感受本书诞生背后的思考与努力。

“中国自然教育发展报告”呈现出的不仅是一份数据和分析汇编，也体现了我们对自然教育领域的深刻洞察，更是对我国自然教育未来发展的一份承诺。2019 年起，中国林学会牵头开展了对我国自然教育发展情况的调研，我们坚持每年对我国自然教育现状进行全面分析，以期捕捉和记录自然教育的每一个坚实脚步和存在的挑战。

值 2024 中国自然教育大会之际，我们本着全面回顾、查缺补漏、热忱期许之心，精心整理和校对了 2019 年度至 2022 年度的自然教育发展报告，并编撰成册，期望以此为自然教育行业的健康发展贡献绵薄之力。

在调研与出版的过程中，我们得到了众多政府部门、管理单位、自然教育机构、基地及个人的大力支持。大家提供的数据和见解是本书能够面世的基石。中国工程院蒋剑春院士、张守攻院士给予我们悉心指导、热情支持。同时，我们也得到了诸多高校专家学者的专业支持，他们的专业力量为本次调研提供了坚实的技术支撑。在此，我们向所有参与和支持本书编著的机构和个人表达最深切的感谢。

自然教育的重要性正在不断被认识和重申。自国家林业和草原局发布《关于充分发挥各类自然保护地社会功能，大力开展自然教育工作的通知》以来，我们欣喜地看到越来越多的自然教育利好政策相继出台。

本书的出版，旨在为自然教育行业的可持续发展提供参考与启示。我们期待它能够把握我国自然教育发展的最新趋势，评估政策实施效果，促进理论交流，指导实践操作。我们也希望吸引更多有志之士加入自然教育行列，共同构建多元、健康、可持续的发展业态。

在生态文明建设进程中，每个人都不可或缺，让我们以本书面世为新的起点，继续在推动自然教育高质量发展的道路上砥砺前行、探索创新。愿我们的心灵与大自然同频共振，愿我们的行动与时代脉搏融合共进，共同书写自然教育发展新篇章，为实现人与自然和谐共生的中国式现代化不懈努力。